아하, 이게 전기구나!

마쓰하라 요우헤이 저

이명훈, 김진수, 노태천 공역

동일출판사

머 리 말

전기가 끊긴다면 문명사회는 패닉상태가 될 것이다.

21세기에 살고 있는 우리들은 지구 온난화를 막기 위해 새로운 에너지원의 개발, 에너지 절약 기술의 보급 등 큰 과제를 안고 있으면서도 문명사회의 급격한 발전 속에 있다.

우리들이 보다 편리하고 풍족한 생활을 영위할 수 있는 것은 유용한 전기 기술을 활용한 문명의 기기에 의한 은혜라고 해도 과언이 아닐 것이다. 일상 생활에서 사용되는 설비·기기·도구는 주로 전기를 이용한 것이다. 만약 이 세상에서 갑자기 전기가 없어진다면 전기 에너지의 공급이 멈추게 되어, 가정이나 빌딩의 사무실, 공장 등을 포함한 도시의 기능이 마비되어 패닉상태가 될 것이다. 현대사회는 전기 의존형의 구조로 되어 있으며, 전기는 안정된 생활을 유지하기 위해 반드시 필요하다.

우선 전기를 알고, 생활의 친구로 만들자.

일상 속에서 전기와의 만남은 다양한 가전제품의 이용, 전철·엘리베이터·에스컬레이터 등 수송기관의 이용, 사무실·공장·학교에서의 컴퓨터와 같은 정보기기의 이용, 교육용 기기, 조명등, 공기정화장치 등 셀 수 없을 정도이다.

우리는 이러한 전기와의 관계 속에서 전기를 잘 활용할 수 있어야 한다. 만약 활용법이 잘못되었을 경우 예기치 못한 사고를 당할 수도 있다. 전기를 잘 활용하기 위해서는 다양한 곳에서 사용되는 전기의 기능이나 특성을 이해해둘 필요가 있다.

이 책은 이러한 취지에 따라 전기를 쉽게 배우려는 사람들을 위해 만들어진 입문서이다.

이 책의 특징은…

다음과 같은 독특한 기획으로 만들어졌다.

(1) 전기학에 대한 입문서로서 삽화와 해설문의 비율을 2:1로 하여, 삽화에 의한 설명을 강조했다. 이로 인하여 내용을 파악하기 쉽고, 읽기 쉬운 책을 만들 수 있었다.

(2) 거의 한 페이지 분량의 해설문을 화제별로 나누어 기술하였다. 따라서 바쁜 사람도 짧은 시간에 읽을 수 있다.

(3) 책 끝 부분에 부록으로서 '전기에 공헌한 이색 과학자들'에 대한 설명을 추가했다.

이 책의 활용방법은...

이 책은 1. 생활과 전기, 2. 전자의 세계, 3. 전기와 정보통신, 4. 전기 안전, 5. 기초 전기 지식의 5가지 영역으로 구성되어 있다. 이 책을 유용하게 활용하기 위해서는

(1) 전기를 처음 배우는 사람은 관심 있는 영역의 주제를 선택하여 읽기 바란다. 각 주제들은 독립된 내용으로 구성되어 있다.

(2) 지금 전기를 배우고 있는 사람은 보조 자료로서 학습 진도에 맞는 영역이나 주제를 선택하여 읽기 바란다.

(3) 전기 관련 자격 취득을 목표로 공부하고 있는 사람은 전기에 관한 기초 지식부터 시작하여 수험과 관련된 영역으로 읽는 범위를 넓혀가기 바란다.

저자 씀

차 례

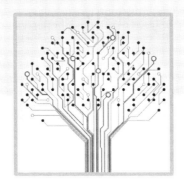

1장 생활과 전기

1. 전주로부터 가정까지의 전기

발전소로부터 송전선을 거쳐 공급된 전기(3상 교류 : 5장 참조)는 배전 변전소에서 22,900V(3상 3선식)의 전압으로 낮아진다. 일반 가정으로 공급되는 전기는 변전소로부터 다시 고압 배전선을 통해 전주에 있는 주상 변압기로 보내진다. 여기서 전압은 220V로 낮아지게 되며, 3개의 전선(가공 인입선)에 의해 가정으로 도달된다.

● 배전주(전주)

전주 위에는 변압기 외에 최상부에 낙뢰로부터 배전선을 보호하기 위한 가공지선이나 피뢰기가 설치되어 있다. 또한, 고압 컷아웃이나 저압 컷아웃은 이상 전류를 차단하는 역할을 한다.

● 주상 변압기

특고압인 22,900V의 전압을 저압인 220V로 낮추는 변압기이다. 2차측 배선은 단상 3선식이라고 불리는 방식으로 되어 있다.

● 인입선

주상 변압기의 2차측으로부터 가정의 취부점까지의 전선을 가공 인입선이라고 한다. 취부점에는 한 눈으로 알 수 있는 황색 또는 빨간색 튜브가 감겨 있다. 취부점의 높이는 교통 장애가 없는 경우 지표면으로부터 2.5m 이상으로 정해져 있다. 전선은 인입용 비닐 절연 전선(DV)을 사용한다.

● 전력량계

전기는 인입선 취부점 부근에서 인입구 배선과 접속되어, 전력량계를 거쳐 인입구를 통하여 옥내로 들어간다. 전력량계는 사용 전력량의 검침의 편리함을 위하여 지표면에서 1.8m 이상 2.2m 이하의 높이에 설치한다.

그림 1-1 전기의 흐름

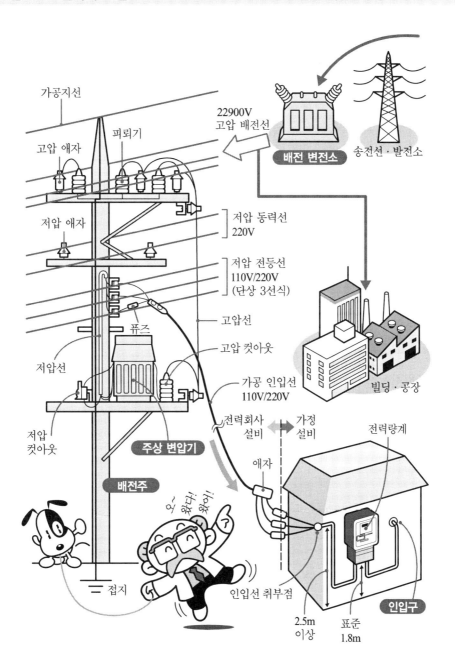

2. 전력량계

● **전력량계**

전기의 사용량을 측정하는 계기를 전력량계라고 하며, 두 종류가 있다. 하나는 일반 가정에서 사용되는 유도 원판형 일반 전력량계이며, 상자 안의 원판의 회전에 따라 전기 사용량을 알 수 있는 구조로 되어 있다. 또 하나는 전자식 시간대별 전등용 전력량계이다. 전력회사에서는 전력량계에서 계측된 값으로부터 전기요금을 수요자에게 요구하기 때문에, 특히 고밀도의 계기가 요구된다. 그래서 전력량계에는 법령에 기초하여, 계량이 정확하게 이루어지고 있는지를 확인하기 위해 국가가 정한 기관에서 검정을 실시하고 있다.

● **전력량계(유도형)의 구조**

전력량계의 상자 안에는 원판이 부착되어 있다. 이 원판은 사용 전력에 따라 회전하며, 회전한 적산값을 계량기에서 표시하는 원리로 되어 있다.
(각 부품의 움직임)
·전압 코일과 전류 코일은 이동 자계를 만들고 원판에 구동력을 발생시킨다.
·제동 자석은 원판의 회전력에 따라 구동력을 만들고, 전력에 대응한 회전속도가 되도록 제어한다.
·크리프 홀(2개의 구멍)은 사용 전류가 0이 되었을 때 과전류를 산란시켜 원판을 정지시키는 역할을 한다(그림 1-3).

● **알루미늄 원판의 회전 원리**

그림 1-4는 원판을 감싼 자석이 회전 방향으로 움직이면, 원판도 자석에 끌려 회전하는 원리를 나타내고 있다. 이것을 아라고의 원판이라고 한다. 전력량계에서는 영구자석 대신에 2개의 코일(전압 코일과 전류 코일)에서 만들어진 이동 자계를 이용하여 원판을 회전시킨다.

그림 1-2 전력량계의 외관

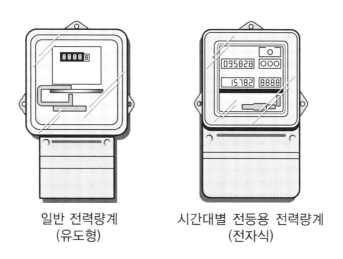

일반 전력량계
(유도형)

시간대별 전등용 전력량계
(전자식)

그림 1-3 전력량계(유도형)의 구조

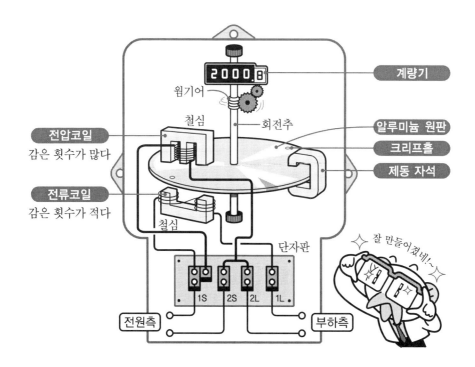

그림 1-4 원판의 회전 원리

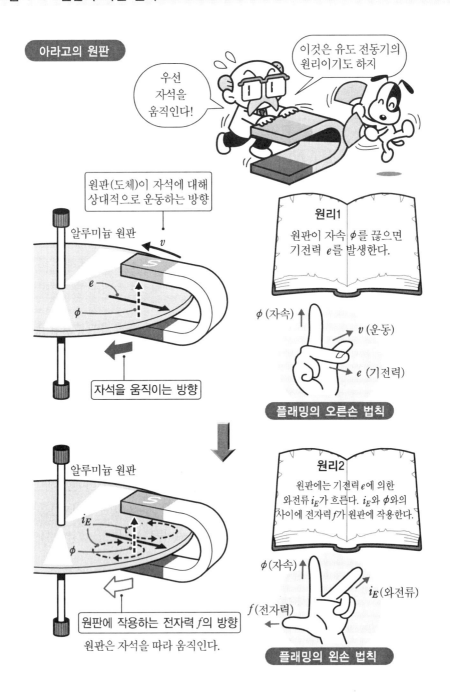

아라고의 원판

우선 자석을 움직인다!

이것은 유도 전동기의 원리이기도 하지

원판(도체)이 자석에 대해 상대적으로 운동하는 방향

알루미늄 원판

v

S

e

ϕ

자석을 움직이는 방향

원리1

원판이 자속 ϕ를 끊으면 기전력 e를 발생한다.

ϕ (자속)

v (운동)

e (기전력)

플래밍의 오른손 법칙

알루미늄 원판

S

i_E

ϕ

원판에 작용하는 전자력 f의 방향

원판은 자석을 따라 움직인다.

원리2

원판에는 기전력 e에 의한 와전류 i_E가 흐른다. i_E와 ϕ와의 사이에 전자력 f가 원판에 작용한다.

ϕ (자속)

i_E (와전류)

f (전자력)

플래밍의 왼손 법칙

3. 전력 사용요금

● **전력회사와 전기 계약**

전기는 사용하는 전기기기나 가족의 생활 스타일에 맞추어 최적의 계약 조건을 선택한다. 계약 조건으로는 크게 ① 주택용(저압), ② 주택용(고압), ③ 일반용(갑), ④ 1주택 수 가구, ⑤ 교육용, ⑥ 심야전력(갑) 등이 있다.

● **전력 사용 요금의 계산법**

우리나라는 전력 사용 요금을 산출할 때 전기 누진제를 적용하고 있다. 전기 누진제란 전기를 많이 쓸수록 kWh 당 단가를 높게 책정하여 전기 에너지 절약을 유도하는 정책이다.

따라서 표 1-1과 같이 주택용 전력(저압)의 경우 전력 사용량이 증가함에 따라 순차적으로 6단계의 높은 단가가 적용되는 요금제도이다.

예를 들어 주택용 전력(저압)으로 월 250kWh를 사용한 가정의 경우 처음 100kWh에 대해서는 kWh당 57.3원이 적용되고, 다음 100kWh는 118.4원, 나머지 50kWh에 대해서는 175.0원이 각각 적용된다.

$$
\begin{aligned}
\text{즉,} \quad & 100\text{kWh} \times 57.3\text{원} = 5{,}730\text{원} \\
& + 100\text{kWh} \times 118.4\text{원} = 11{,}840\text{원} \\
& + \ \ 50\text{kWh} \times 175.0\text{원} = 8{,}750\text{원} \\
& \phantom{+ \ \ 50\text{kWh} \times 175.0\text{원} } = 26{,}320\text{원}
\end{aligned}
$$

여기에 일정 금액의 기본 요금(250kWh를 사용한 경우 기본 요금은 1,490원)이 추가되고, 10%의 부가가치세, TV 수신료 등이 더해져서 청구금액이 결정된다.

따라서 전기를 많이 쓸수록 kWh 당 요금이 높아지기 때문에 전기를 가급적 아껴 쓰는 것이 가정 경제에도 도움이 된다.

표 1-1 주택용 전력(저압) 전기 요금표

기본 요금(원)		전력량 요금(원)	
100kWh 이하 사용	390	처음 100kWh까지	57.30
101~200kWh 사용	860	다음 100kWh까지	118.40
201~300kWh 사용	1,490	다음 100kWh까지	175.00
301~400kWh 사용	3,560	다음 100kWh까지	258.70
401~500kWh 사용	6,670	다음 100kWh까지	381.50
500kWh 초과 사용	12,230	500kWh 초과	670.60

그림 1-5 전기 요금 청구서

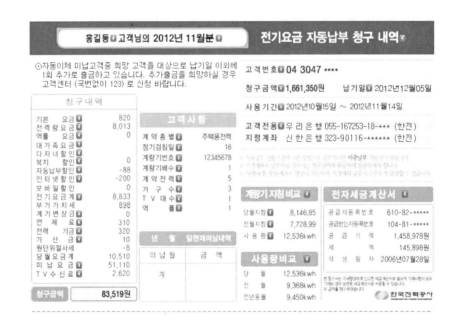

4. 분전반

● **분전반**

옥외에 있는 전주에 있는 주상 변압기로부터 나온 전기를 옥내로 보내기 위해 여러 개의 통로(분기회로)로 나누기 위한 배선용 차단기, 전류 제한기 및 누전 차단기를 담은 상자를 분전반이라고 한다.

● **분전반의 역할**

분전반은 다음과 같은 2가지를 항상 감시하는 역할을 하고 있다.

① 전기가 정해진 전류 한도에서 사용되고 있는가?

② 누전이 되고 있지는 않은가?

● **분전반 안의 각종 기기의 역할**

(1) 전류 제한기

일반 가정에서는 콘센트의 수나 사용하는 전기기구 등에 따라 필요한 전류(암페어)의 크기를 결정하게 되며, 이 크기에 맞게 전류 제한기의 용량을 결정하게 된다. 예를 들어 집에서 사용하는 최대 전류가 10A라고 하면, 전류 제한기의 용량이 10A인 것을 설치하여, 10A 이상의 전류가 흘렀을 때 자동으로 전류 제한기가 회로를 차단하도록 한다.

(2) 누전 차단기

세탁기 등의 전기기기 본체나 전선의 노후화 등의 원인으로 발생하는 감전이나 화재 사고를 예방하기 위해, 누전되었을 때 이를 빠르게 감지하여 자동적으로 전류를 차단하여 안전을 확보하는 기기이다(그림 1-8).

(3) 배선용 차단기

전기기구를 과하게 쓰거나, 전선간의 쇼트(단락) 등 이상이 생겼을 때 자동적으로 스위치를 끊어 전류를 멈추게 하는 기기이다. 전기 회로를 안전하게 유지해 주는 역할을 한다.

일반 가정에서는 옥내 배선의 각 분기 회로에서 20A가 넘는 전류가 흘렀을 때 자동적으로 접점이 끊어진다.

그림 1-6 분전반의 위치

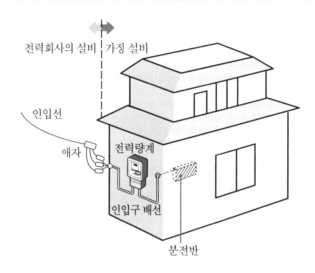

그림 1-7 분전반의 외관과 내부 접속

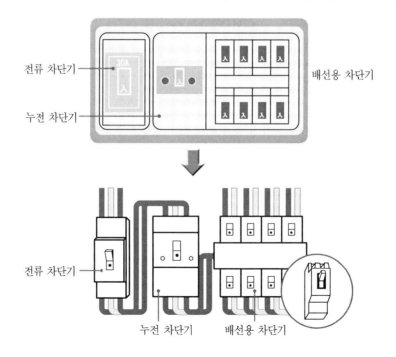

그림 1-8 누전 차단기의 동작 원리

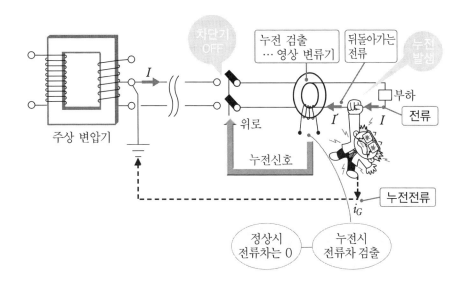

5. 가정의 배전 방식

● **단상 3선식이 사용되는 이유**

일반 가정의 옥내 배선은 배전선(인입선)으로부터 전력량계를 거쳐 분전반으로 이어져 있으며, 여기서부터 분기되어 각 방으로 분배되어 있다.

비교적 큰 전류를 사용하는 배선(40A 이상)의 경우 110/220V 단상 3선식이라고 불리는 전기 방식이 채용되며, 3선의 전선이 옥내에 인입된다. 그 이유는 최근 가전제품 중에서도 전자레인지, 에어컨, 전기 온수기 등 사용 전력이 큰 것들이 매년 증가하고 있기 때문이다.

● **단상 3선식이란?**

그림 1-10과 같이 220V 단상 변압기의 2차측 권선의 중성점으로부터 전선 하나를 뽑아 3선을 사용한 배선방식이다. 바깥쪽의 두 선을 외측선, 변압기의 2차 권선의 중간점으로부터 뽑아낸 전선을 중성선이라고 한다. 중성선은 반드시 접지하도록 되어 있다. 부하로서 단상 110V용 부하는 외측선과 중성선 사이에, 단상 220V 부하는 외측선 간에 접속한다.

● **평형 부하, 불평형 부하**

그림 1-11은 부하가 평형되어 있는 경우와 부하가 불평형된 경우 중성선에 흐르는 전류가 다르다는 것을 나타내고 있다. 이와 같은 전류 분포로부터 알 수 있듯이, 중성선의 두께는 두 외선의 두께보다 가는 것을 쓸 수 있다. 그러나 실제로는 불평형이 현저한 경우를 고려하여, 중성선도 같은 두께의 전선을 사용한다.

● **중성선이 끊어지면 위험!**

단상 3선식 배전선의 사용 중에 중성선이 단선되면, 그림 1-12와 같이 작은 부하에서는 과전압이 걸리지만, 큰 부하에서는 부족 전압이 걸리게 된다. 작은 부하의 경우 과열되어 위험하다. 따라서, 법령에 따라 중성선에는 퓨즈 등의 과전류 차단기를 설치하는 것을 금하고 있다.

● **단상 3선식의 특징**

① 단상 110V 및 단상 220V용 부하 모두에 사용할 수 있다.

② 동일 부하의 경우 110V 단상 2선식보다 가는 전선으로 구성할 수 있어 경제적이다(표 1-3).

그림 1-9 전선이 세 가닥인 인입선

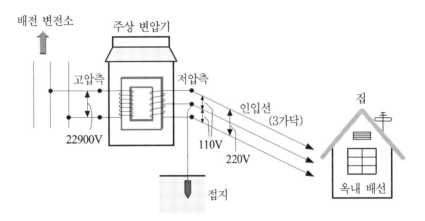

그림 1-10 단상 3선식의 구성

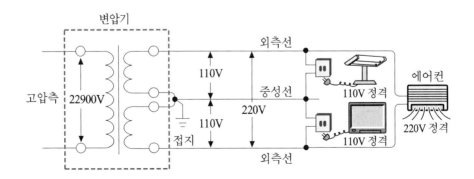

그림 1-11 단상 3선식 선로의 평형과 불평형

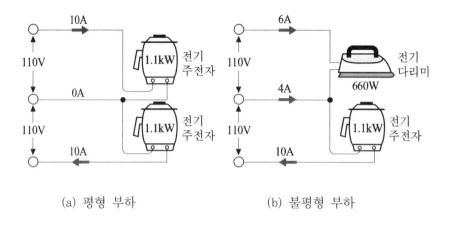

(a) 평형 부하   (b) 불평형 부하

그림 1-12 단선에 의한 전압 분배의 변화

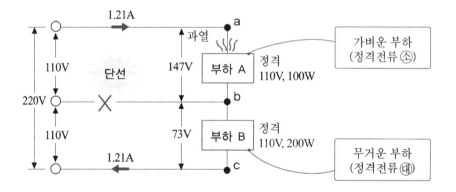

표 1-3 전기방식의 전선량 비교

전기방식	전선량 비교
110V 단상 2선식	100
110V/220V 단상 3선식	37.5
220V 3상 3선식	18.75

[주] 단상 3선식은 부하가 평형이고, 중성선의 두께와 외측선의
두께가 같은 것으로 함.

6. 옥내배선의 구조

우리들이 가정에서 사용하는 전기는 분전반에 있는 배선용 차단기와 누전 차단기를 거쳐, 수요에 따라 분기되어 각 분기회로의 배선용 차단기로부터 콘센트, 스위치, 전등, 그 밖의 부하로 배전된다.

● **분기회로의 역할과 배선용 차단기**

옥내 배선을 구성하는 회로가 하나인 경우 회로 중 어느 부분에서 이상이 생겨 과전류가 흐르면 배선용 차단기가 끊겨 주택 내부 전체가 정전된다. 이것을 막기 위해 여러 개의 회로로 분기하여 고장난 분기회로만을 배선용 차단기로 차단한다. 배선용 차단기는 과부하 전류에 대해서는 과열에 의한 바이메탈로 인해 회로를 끊고, 단락 전류에 대해서는 전자석에 의한 전자력이 발생하여 회로를 끊도록 되어 있다.

● **분기된 전기의 흐름**

그림 1-13은 어느 일반 주택에 110/220V 단상 3선식 배전선로로부터 들어간 전기가 분전반에서 분기되는 회로의 접속도를 나타낸 것이다. 이 예에서 분기회로는 3개의 일반 회로와 2개의 전용 회로의 5계통으로 구성되며, 전기는 이와 같은 경로로 분기된다.

● **옥내 배선의 구조**

그림 1-14는 그림 1-13의 구성에서 각 부하로 배선되는 구조를 실체도로 나타낸 것이다. b 분기회로는 현관 앞의 벽등 (①), 현관 안의 벽등(②), 복도등(로젯) (③), 부엌 벽등(팬던트)(④), 부엌 싱크대의 형광등(⑤), 부엌의 콘센트 + 환풍기의 기구나 부하로 구성되어 있다. d 분기회로는 옥외등(자동점멸기 부착)만을 위한 전용회로로 되어 있다. e 분기회로는 에어컨 전용 회로이며, 양 외선간에는 220V의 전압을 사용한다(a 및 c의 분기회로는 배선도가 복잡해지기 때문에 생략했다).

그림 1-13 어느 일반 주택의 분전반 접속도

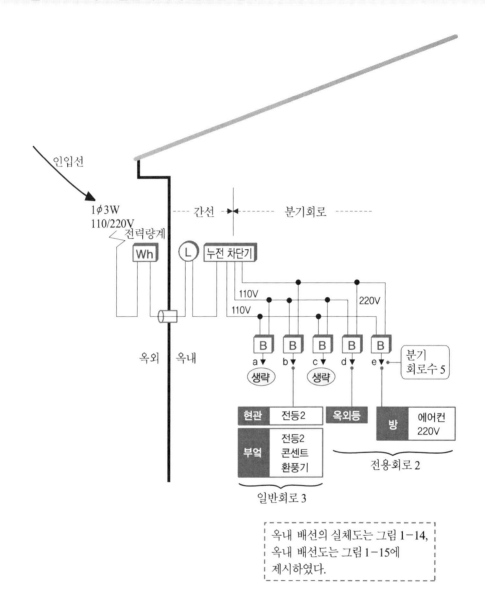

그림 1-14 어느 일반 주택의 옥내 배선의 실체도

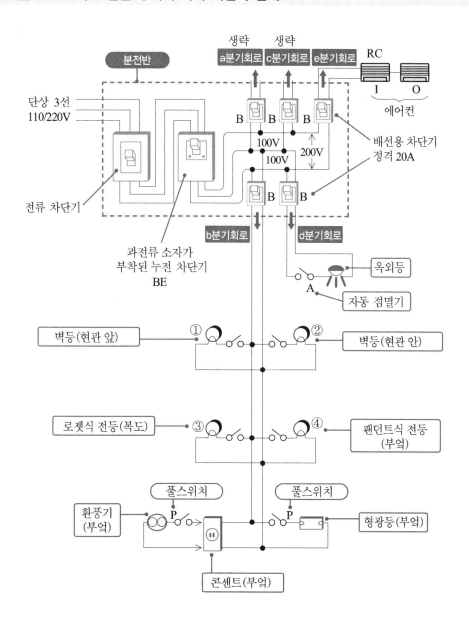

7. 옥내 배선도 읽는 법

- **옥내 배선도**

옥내 배선도는 옥내 배선을 공업규격에 따른 기호를 사용하여 단선으로 나타낸 그림이다. 이 도면은 전기공사자들에게는 전기 공사의 설계도와 같으며, 공사의 견적, 시공, 검사에 반드시 필요하다. 그리고 장차 분기회로의 증설이나 수리를 할 때 필요하다. 그림 1-15는 그림 1-14의 실체도에 따른 옥내 배선도이다.

- **복선도와 단선도의 관계**

옥내 배선도의 기본 구성은 크게 ① 스위치 회로, ② 콘센트 회로로 분류된다. 표 1-4는 주요 기본 회로의 단선도와 복선도의 관계를 나타낸 것이다.

- **스위치(점멸기)**

스위치는 회로의 개폐에 사용되나, 2개소 이상에서 전등을 점멸할 때는 3로 스위치나 4로 스위치를 사용한다.

① 표 1-4 (a), (b)의 복선도에서와 같이 스위치는 반드시 전원의 전압측(비접지측)의 선에 연결한다. 실제 옥내 배선은 주상 변압기의 2차측이 접지되어 있는 인입선으로부터 들어온다. 접지측에 스위치를 연결하면, 스위치를 끊어도 비접지측 전압이 전등에 걸려 위험하다.

② 전등의 점멸은 보통 1분기 회로에 연결되어 있는 전등을 실별로, 또는 사용상 편리하게 하나에서부터 여러 등별로 스위치를 사용하여 점멸한다(표 1-4 (a), (b)). 단 계단의 전등을 위층과 아래층의 2개소에서 점멸할 경우 3로 스위치를 사용하면 편리하다(표 1-4 (c)).

- **배선도의 기호**

옥내 배선도에 사용되는 기호는 전국 공통으로 공업규격에 의해 정해져 있다. 그림 1-16은 배선도에 사용되는 기구의 외관과 그 기호를 소개한 것이다.

그림 1-15 일반주택의 배선도

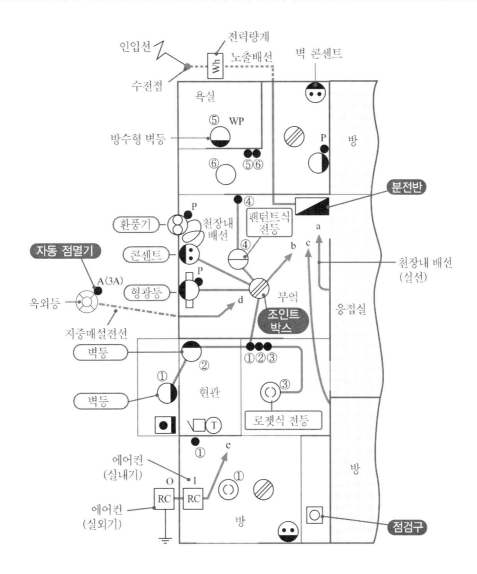

그림 1-16 주요 기호와 외관 예

표 1-4 옥내 배선도의 기본 구성

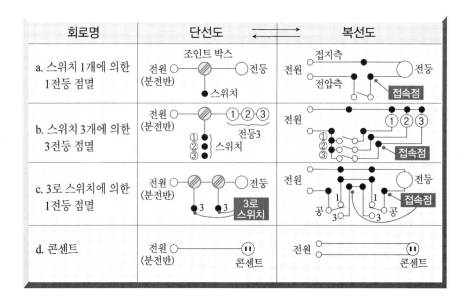

8. 조명등

우리들의 일상 생활에서 없어서는 안되는 전기 조명. 그 조명등을 대표하는 것으로
예부터 사용되고 있는 백열전구와 눈에 부드러운 광원으로서 애용되고 있는 형광등
을 들 수 있다.

● **백열전구와 형광등의 차이**

백열전구는 물질을 고온으로 하면 빛을 방사하는 현상(열방사)을 이용한 것이다. 이
에 비해 형광등은 물질에 빛, 자외선, X선 등을 조사하면, 그 자극을 받아 발광하는
현상(루미네센스)을 이용한 것이다. 이와 같이 두 조명등은 발광의 원리가 전혀 다
르다.

● **역사가 있는 백열전구**

유리구 안을 진공으로 하고, 아르곤 가스나 질소 등의 불활성 가스를 주입한다. 이
유리구 안에 놓인 필라멘트에 전류를 흘리면 발열하여 2000~3000℃의 고온이 되
어 빛을 방사하는 원리를 이용한 것이다. 그림 1-17에 백열전구의 구조를 나타냈다.

● **할로겐 전구란?**

백열전구의 발광효율을 높인 개량형 전구이다. 필라멘트를 고온으로 하면 텅스텐의
증발과 전구의 흑화가 생기므로, 전구 안의 불활성 가스에 미량의 할로겐 원소를 봉
입하여 이것을 제어하여 발광효율을 높였다. 소형이며, 효율이 높고, 수명이 긴 것
이 특징이며, 용도는 자동차용 전조등, 상점의 전시대 등에 사용된다.

● **형광등의 발광 원리**

유리관 안에는 방사하기 쉽게 하기 위한 아르곤 가스와 소량의 수은이 주입되어 있
다. 필라멘트에 전류를 흘려 뜨겁게 하면, 전자가 방출되어 방사를 한다. 수은 원자
는 방출된 전자와 충돌하여 자외선을 발생한다. 이 자외선이 유리관 내벽에 도포된
형광물질에 닿으면 가시광을 발생한다. 또한, 형광등은 방전관을 점등하기 위한 회
로가 필요하며, 방전을 일으키기 위한 점등관(글로우 스타터)이나 전류를 안정시키

는 안정기가 회로에 들어 있다. 형광등은 일반적으로 조명등 중에서 효율이 높으며, 수명은 백열전구에 비해 10배정도 긴 것이 특징이다.

그림 1-17 백열전구의 구조

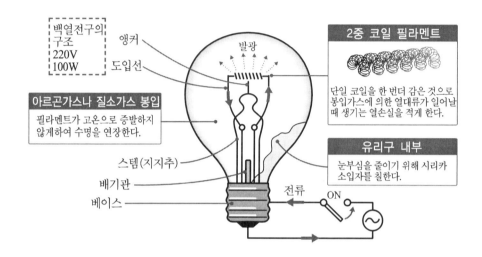

그림 1-18 할로겐 전구의 구조

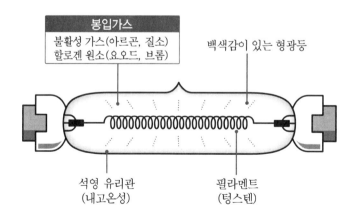

그림 1-19 형광등의 발광 원리

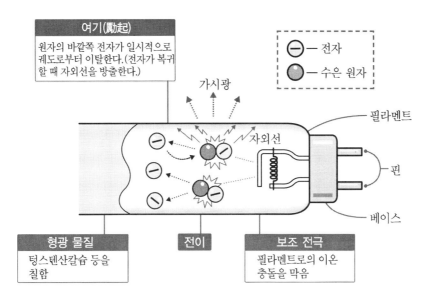

여기(勵起)	⊖ ― 전자
원자의 바깥쪽 전자가 일시적으로 궤도로부터 이탈한다. (전자가 복귀할 때 자외선을 방출한다.)	🔵 ― 수은 원자

가시광
자외선
필라멘트
핀
베이스

형광 물질
텅스텐산칼슘 등을 칠함

전이

보조 전극
필라멘트로의 이온 충돌을 막음

그림 1-20 기본적인 점등 회로

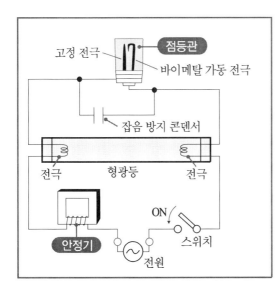

고정 전극
점등관
바이메탈 가동 전극
잡음 방지 콘덴서
전극
형광등
전극
안정기
ON
스위치
전원

점등 순서
① 전원 스위치를 켠다.
② 전극, 안정기에 전류가 흐르면 전극은 가열되어 열전자를 방출한다.
③ 점등관의 전극간에 전원 전압이 걸리면 방전하여, 그 열로 가동 전극이 고정 전극에 접촉한다.
④ 바이메탈이 냉각되어 전극 사이가 끊기면, 전류가 급격하게 변하게 되어 안정기에 순간 고전압이 발생한다.
⑤ 이 고전압이 형광등의 전극간에 걸리면 방전을 시작한다.
⑥ 약 3초 후에 점등한다.

9. 전기 밥솥

● **유도가열(IH)이란?**

그림 1-21은 코일 안의 자계가 변화하면, 코일에 전류가 유도되는 현상(전자유도)을 나타낸 것이다.

이 원리를 이용하여 피열체에 고주파의 자속을 통과시키면 피열물 내부에 와전류가 발생하며, 이 전류와 피열물의 저항에 의해 생기는 줄열로 피열물만을 가열하는 것이다. 이것을 유도가열(IH: Induction Heating)이라고 한다.

● **왜 유도가열 밥솥을 사용하는가?**

IH 방식은 자기 에너지로 '솥(부하) 자신을 가열'시키는 것으로 기존의 전기 가열 히터를 이용한 밥솥과 크게 다르다. IH 방식의 이점은

① 지금까지의 전열 히터로 발생되는 열보다 높은 열에너지를 이용하여 끓을 때까지의 가열 시간이 짧다.

② 가열 코일의 형태나 배치를 원하는 대로 하여 원하는 곳을 가열할 수 있다.

③ 빠르고 미세한 온도 조절이 가능하다.

④ 솥을 직접 가열하기 때문에 효율이 좋다.

⑤ 달구어지는 부분이 없기 때문에 화상이나 화재의 우려가 없으며 안전하다. 이와 같은 가열 기술의 발달에 의해 기존의 전기 가열 밥솥보다 더 맛있는 밥을 지을 수 있다.

● **IH 밥솥의 원리**

인버터로부터 출력된 교류 전력을 가열 코일에 공급하여 교번 자계를 발생시켜, 이 자계에 의해 솥 안에 와전류가 흐른다. 이 전류가 솥의 저항에 작용하여 솥 자체가 발열하게 된다. 그림 1-24는 전력이 변환되는 흐름을 나타낸 것이다.

● **가열 코일에 발생하는 열에너지의 제어**

온도 센서(써미스터)에 의해 온도를 검출하고, 이 신호를 마이크로 프로세서로 보내

어, 코일에 흐르는 전류의 양을 변화시키거나, 인버터에 의한 주파수를 변화시켜 열에너지를 제어한다.

● **IH의 열효율은?**

이 IH 방식의 열효율은 80% 이상으로 매우 높은 편에 속한다.

그림 1-21 전자유도 작용

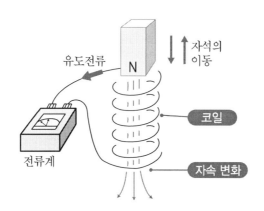

그림 1-22 유도 가열의 기본 원리

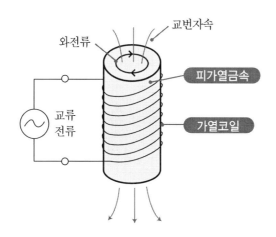

그림 1-23 IH 밥솥

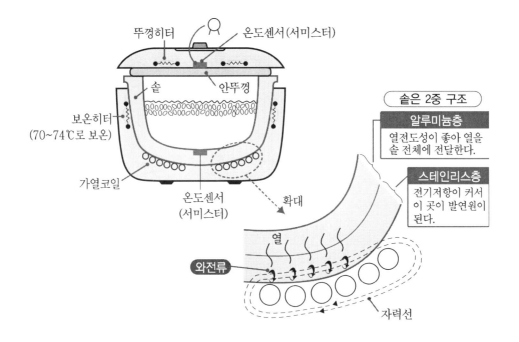

그림 1-24 전력 변환의 흐름

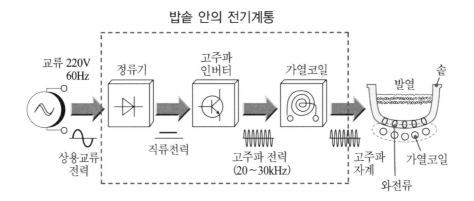

10. 전자레인지

● 유전 가열이란?

그림 1-25 (a)와 같이 스위치를 넣어 전극 간에 직류 전압을 가하면 유전체 속의 분자가 전기 쌍극자가 되어 전류의 흐름에 따라 정렬하게 된다. 그림 1-25 (b)와 같이 전극 간에 고주파 전압을 가하면 전기 쌍극자는 전계의 방향에 따라 진동하게 되어, 분자끼리 마찰을 하게 되며, 이 마찰에 의해 유전체에 열이 발생한다. 6~80MHz정도의 고주파로 가열하는 방법을 유전 가열이라고 하며, 이 가열에 의한 물질의 발열량은 고주파의 주파수나 물질의 유전율 등에 따라 결정된다.

● 전자레인지

300MHz~30GHz의 마이크로파를 사용한 가열방법을 마이크로파 가열이라고 한다. 전자레인지는 마그네트론(발진기)으로부터 방사된 2450MHz의 마이크로파를 음식에 조사하여, 식품에 포함된 물이나 기름을 1초당 24억 5천만번 진동시킨다.

● 전자레인지를 이용한 가열의 이점은?

① 식품을 내부로부터 균일하게 가열할 수 있다.

② 내부를 직접 가열하기 때문에 가열 시간이 단축된다.

③ 가열 효율이 좋다.

④ 가열 전력과 온도 제어가 용이하다.

⑤ 가열에 의해 식품 표면이 타지 않는다.

● 전자레인지의 구조

전자레인지는 식품 등의 피열물을 넣는 가열실, 가열기 출입구의 개폐문, 마이크로파 발생원인 마그네트론, 마이크로파를 주입하는 통로인 도파관, 마이크로파를 반사하는 반사벽, 마이크로파를 균일하게 조사하기 위한 턴 테이블, 마그네트론을 냉각시키는 냉각팬 등으로 구성되어 있다.

또한, 개폐문은 사용 중에 마이크로파가 외부로 세지 않도록 금속제 파인더로 되어 있으며, 문이 열리면 자동으로 전류가 끊어지도록 되어 있다.

그림 1-25 유전 가열의 원리

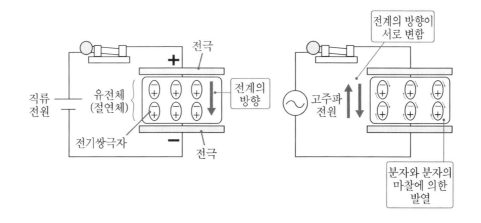

(a) 유전체의 분극   (b) 분자끼리의 마찰열 발생

그림 1-26 마이크로파의 성질

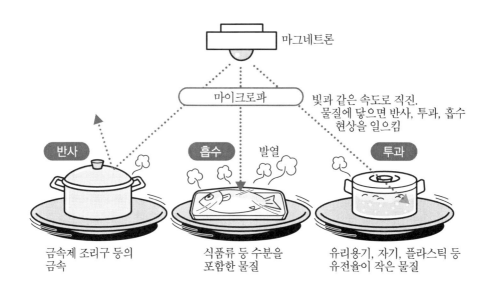

그림 1-27 전자레인지의 구조

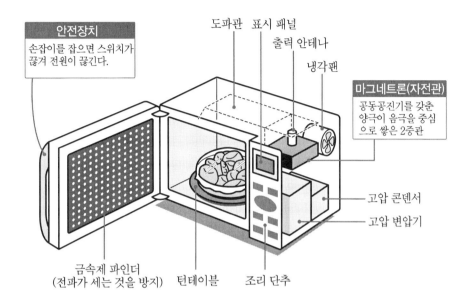

안전장치
손잡이를 잡으면 스위치가
끊겨 전원이 끊긴다.

도파관 표시 패널

출력 안테나

냉각팬

마그네트론(자전관)
공동공진기를 갖춘
양극이 음극을 중심
으로 쌓은 2중관

고압 콘덴서

고압 변압기

금속제 파인더
(전파가 세는 것을 방지) 턴테이블 조리 단추

그림 1-28 마이크로파의 경로

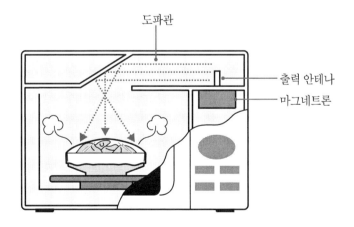

도파관

출력 안테나
마그네트론

11. 에어컨

● 에어컨이란?

에어컨디셔너(공기 조화기)의 약칭이다. 에어컨에는 냉방만을 하는 것과 냉난방 겸용이 있으며, 용도에 따라 창문형, 벽걸이형, 스탠드형이 있다. 벽걸이형이나 스탠드형은 압축기(콘프레서)가 실외에 있기 때문에 소음이 적으며, 벽걸이형은 공간을 점유하지 않는 이점이 있다.

● 냉방 · 난방 원리

액체가 기체로 될 때(증발), 주변으로부터 열을 빨아들인다(흡열). 반대로 기체가 액체로 될 때(응축), 주변으로 열을 방출한다(방열). 에어컨은 이러한 물리 현상을 이용하여 냉난방하기 위하여 프레온 가스(또는 대체 프레온)라고 하는 냉매를 사용한다.

● 히트 펌프식 에어컨의 원리

냉방뿐 아니라 난방에도 사용할 수 있는 것이 히트 펌프식 에어컨이다. 히트 펌프는 온도가 낮은 곳에서 높은 곳으로 열을 운반하기 위한 것이다.

그림 1-31에서 냉방 시에는 실내의 증발기로부터 냉풍이, 실외의 응축기로부터 온풍이 방출된다. 난방용으로 하기 위해서는 실내측이 응축기가 되고, 실외기가 증발기가 되도록 전환하며, 이때 실내 측에서는 온풍을 방출하게 된다. 이를 위하여 제어계에서 냉매의 흐름을 반대로 하여, 응축기→실내 열 교환기→실외 열 교환기로 함으로써 난방기로 작동하게 된다.

〈냉방운전〉 ① 압축(압축기) → ② 방열(실외 열 교환기) → ③ 감축(모세관) → ④ 흡열(실내 교환기) → ①로 순환

〈난방운전〉 ① 응축(응축기) → ② 방열(실내 열 교환기) → ③ 감축(모세관) → ④ 흡열(실외 교환기) → ①로 순환

● 인버터 에어컨

기존의 에어컨은 압축기(전동기)의 회전수를 바꿀 수 없어, 개폐(ON, OFF) 운전의
반복으로 실내 온도를 조정하였다. 인버터 에어컨은 인버터로 응축기의 회전수를 자
유자재로 바꿀 수 있어, 냉난방 능력을 광범위하게 제어할 수 있다. 이로 인하여 소비
전력을 줄일 수 있으며, 알맞은 온도를 정밀하게 유지할 수 있다는 장점이 있다.

그림 1-29 에어컨 형태

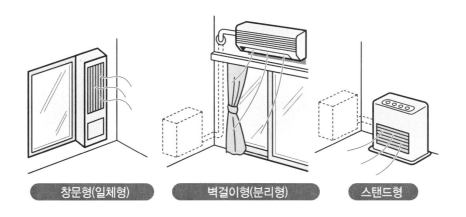

그림 1-30 냉난방 원리

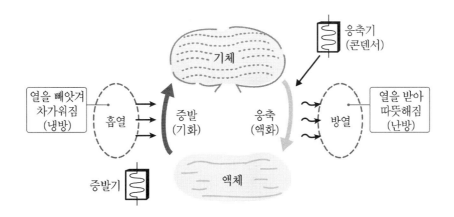

그림 1-31   히트 펌프식 에어컨의 원리

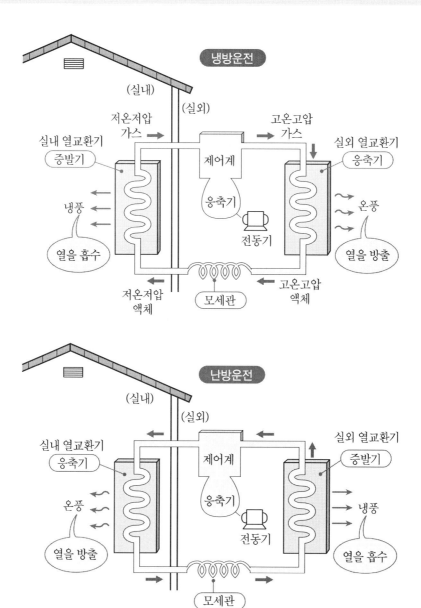

12. 인버터

● **인버터란 무엇인가?**

직류를 교류로 변환하는 장치를 인버터라고 한다. 사이리스터 등의 전력 반도체의 발달에 따라 전압이나 주파수를 쉽게 바꿀 수 있는 인버터 기술이 각 분야에 도입되어 활용되고 있다. 이로 인하여 기존의 60Hz의 상용 주파수로 제한되어 있던 전원 주파수의 이용 범위가 확대됨으로써 가전제품 등에 고출력, 고속화, 소형·경량화, 제어성 향상, 편리성, 에너지 절약을 가져오게 되었다.

● **인버터의 기본 회로**

그림 1-33은 교류 전압을 일단 컨버터에서 직류로 변환하고, 이 직류를 인버터에서 가변 주파수의 교류로 변환하고, 주파수를 변화시켜 부하의 3상 유도 전동기의 회전 속도를 제어하는 구조를 나타낸 것이다. 그림 1-34 (a)에서 4개의 스위치 중 S_1과 S_4를 t초간, S_2와 S_3를 t 초간, 서로 ON시키면, 전등의 양단에 교류 전류가 발생한다. 스위치를 ON과 OFF시키는 시간을 변화시키면 주파수가 변한다. 스위치 대신에 6개의 사이리스터를 ON, OFF시키면 직류를 교류로 바꿀 수 있다. 또한, 출력 주파수와 전압의 제어는 사이리스터의 스위칭 타이밍을 바꿈으로써 이루어진다.

● **인버터의 활용 예**

21세기가 되어 생활의 합리화나 에너지 절약 대책이 중시되는 가운데, 갈수록 인버터의 필요성이 부각되고 있다.

① 인버터 에어컨 : 인버터로 압축기의 출력을 광범위하게 함으로써 냉난방을 미세하게 제어할 수 있다. 또한, 고속 운전으로 냉난방 능력을 높일 수 있다.

② 유도가열 조리기 : 인버터에 의한 고주파 유도가열은 전열 히터보다도 강한 화력을 얻을 수 있으며, 미세한 화력 조절도 가능하다.

③ 인버터 조명기구 : 형광등을 고주파 점등시키면 밝기나 발광 효율이 향상된다. 또한, 빛의 어른거림이 없으며, 조광이 용이하다.

④ 엘리베이터·전차 : 주파수를 가변시켜 동력용 유도 전동기의 회전 속도를 우수
한 효율로 제어할 수 있다.

그림 1-32 인버터의 원리와 이용

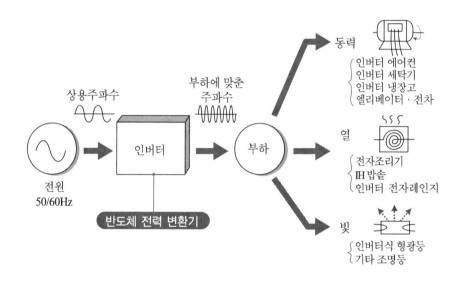

그림 1-33 인버터의 구성

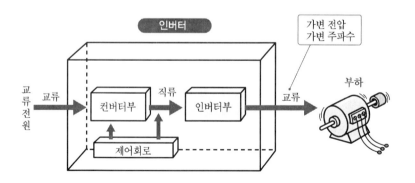

그림 1-34 인버터의 기본 원리

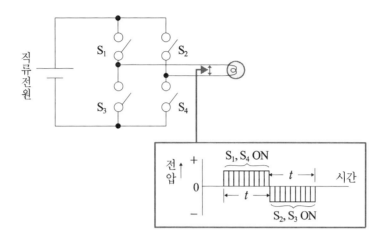

(a) 스위치에 의한 DC → AC 변환

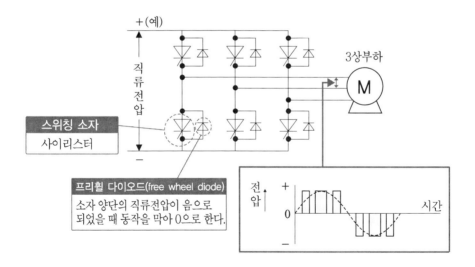

(b) 사이리스터에 의한 DC → AC 변환
    PWM(펄스폭 변조) 인버터

13. 발전 원리 – 화력과 원자력

● **화력 발전이란?**

석유, 석탄, 액화 천연가스(LNG) 등의 화석연료를 연소시켜 얻은 열에너지를 기계적 에너지로 변환하여, 그 에너지를 사용하여 발전기를 회전시켜 전기를 발생시키는 방식(발전)을 화력발전이라고 하며, 이 발전을 하는 곳을 화력 발전소라고 한다.

● **화력 발전의 종류**

화력 발전에는 기력 발전, 가스 터빈 발전 및 내연 기관 발전 등이 있다. 그 가운데 열에너지를 증기로 바꾸어, 그 증기압에 의해 증기 터빈을 회전시켜 발전하는 기력 발전이 주류를 이루고 있으며, 일반적으로 화력 발전이라고 하면 기력 발전을 말한다.

● **기력 발전의 원리**

증기를 매체로 하여 다음과 같은 흐름으로 발전한다.

① 보일러 안에서 연료를 연소하여 급수된 물을 가열한다.

② 이 물은 기화되어 포화 증기가 되며, 나아가 과열기에서 고온고압의 과열 증기를 만든다.

③ 과열 증기가 갖는 에너지에 의해 증기 터빈을 구동하며, 발전기를 회전시켜 발전한다.

④ 증기 터빈으로부터 배기된 증기는 복수기로 보내져, 냉각되어 다시 보일러로 돌아온다. 이와 같이 증기(물)는 순환하게 된다. 이 기본적인 열 사이클을 랭킹 사이클이라고 한다.

● **원자력 발전이란?**

원자로 안에서 핵분열 반응에 의한 열에너지를 이용한 발전을 원자력 발전이라고 하며, 이 발전을 하는 곳을 원자력 발전소라고 한다. 원자력 발전은 증기 터빈을 회전시켜 발전하는 점에서는 화력 발전과 같은 원리이지만, 열에너지를 만드는 장치가 원자로라는 것이 다른 점이다.

• 원자력 발전의 원리

원자로 안에 저농축 우라늄으로 만들어진 연료봉과 그 주위에 경수를 주입한다. 로 안에서 중성자를 우라늄 235에 충돌시키면 원자핵은 심하게 진동하여 핵분열을 일으키고, 연쇄반응에 의해 거대한 열에너지를 발생하게 된다. 이 열에너지를 이용하여 고온고압의 증기를 만들고, 이 증기로 터빈을 구동시켜 발전기를 회전시킨다.

그림 1-35 화력발전의 기본 구성

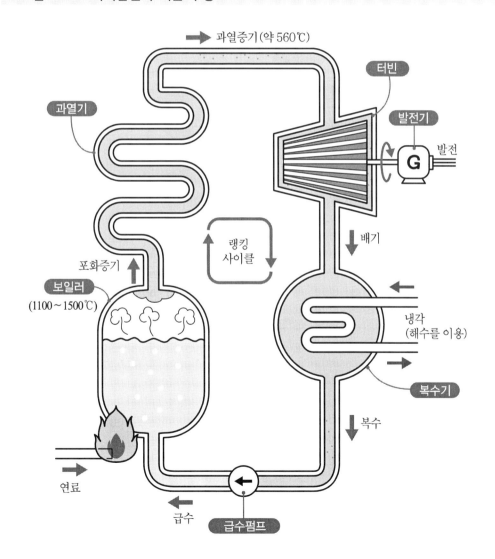

그림 1-36   원자력 발전의 기본 구성

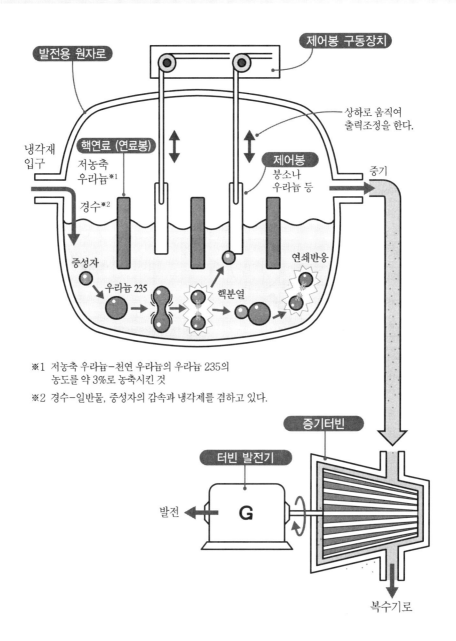

발전용 원자로

제어봉 구동장치

상하로 움직여
출력조정을 한다.

냉각재
입구

핵연료 (연료봉)

저농축
우라늄※1

제어봉

붕소나
우라늄 등

증기

경수※2

중성자

우라늄 235

핵분열

연쇄반응

※1 저농축 우라늄−천연 우라늄의 우라늄 235의
    농도를 약 3%로 농축시킨 것

※2 경수−일반물, 중성자의 감속과 냉각제를 겸하고 있다.

증기터빈

터빈 발전기

발전

G

복수기로

14. 발전 원리 - 수력

● **수력 발전이란?**

높은 위치에 있는 하천이나 저수지의 물이 갖는 위치 에너지를 이용하여 수차를 회전시켜, 기계 에너지를 발생시키는 방식을 수력 발전이라고 한다. 매년 화력 발전이나 원자력 발전에 의한 전력량이 늘고 있어 수력 발전의 발전 전력량은 상대적으로 줄고 있다.

● **수력 발전의 장점**

물이 갖는 에너지는 태양열에 의한 자연계의 순환 사이클로부터 생기는 무한 에너지이다. 그리고 석유와 같은 화석 연료를 태워 생기는 에너지와 달리 환경에 주는 영향이 적다는 장점이 있다. 또한 수력 발전의 효율은 다른 발전 방식(화력발전은 40%대)에 비해 매우 높은 80%대에 달하고 있다.

● **양수 발전소**

심야나 주말 등의 경부하시에 화력 발전소나 원자력 발전소로부터 나오는 잉여 전력을 위치 에너지로 변환하여 저장할 수 있는 발전소를 양수 발전소라고 한다. 그림 1-39와 같이 경부하시에는 잉여전력으로 발전 전동기를 구동하여, 상부의 저수지로 물을 끌어 올려 에너지를 저장한다. 그리고 중부하시에는 저수지로부터 물을 떨어뜨려 펌프 수차를 구동시켜 전력을 공급하는 원리이다. 양수 발전소에서는 펌프 수차와 발전 전동기를 직접 연결한 펌프 수차식을 사용한다.

● **양수 발전소의 역할**

전력 수요는 그림 1-40과 같이 주야간의 격차가 크고, 특히 1년 중 한 여름 오후에 최대에 달한다. 이와 같은 불균형적인 전력 수요에 대응하기 위해 전력 공급의 조정이 불가피하다. 화력 발전소나 원자력 발전소의 출력을 멈추게 하는 것은 발전 효율의 관점에서 바람직하지 않다. 따라서 양수 발전소를 이용하여 경부하시의 잉여 전력을 일시적으로 위치 에너지로 저장하고, 낮의 최대 전력 사용시 저장한 에너지를 공급한다.

그림 1-37 수력 발전의 원리

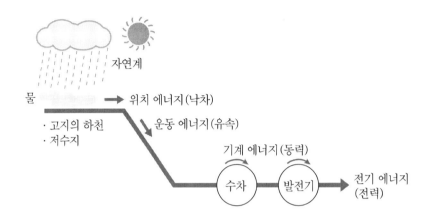

그림 1-38 수력 발전소(댐식)의 구성

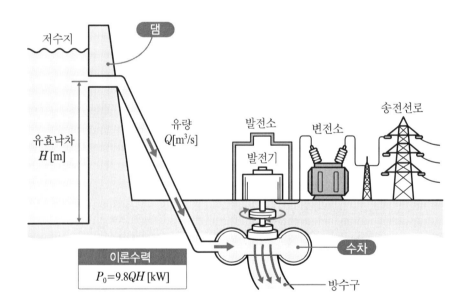

이론수력

$P_0 = 9.8QH$ [kW]

그림 1-39 양수 발전기의 구성

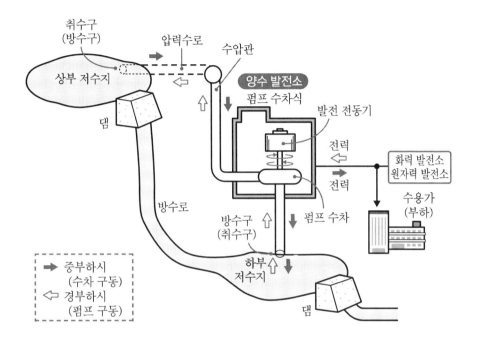

그림 1-40 전력의 수요와 공급

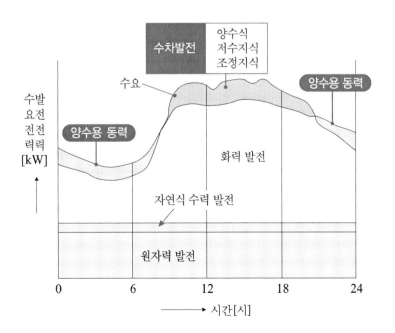

15. 친환경 에너지의 이용

화석연료의 연소 등에 의한 지구 온난화, 대기 오염 등, 에너지 생산에 있어서 환경에 주는 악영향을 고려하지 않을 수 없다. 석유나 우라늄 등의 1차 에너지를 거의 수입에 의존하고 있는 상황에서 지구 환경에 해를 입히지 않는 친환경 에너지를 이용한 발전 시스템의 개발·실용화가 진행 중이다. 실용화가 기대되고 있는 발전 시스템을 알아보자.

● **태양광 에너지의 이용**

태양으로부터 지구에 도달하는 1초당 광 에너지는 맑을 때 $1m^2$당 약 1kw에 이른다. 이 에너지를 전기 에너지로 변환하는데 태양 전지를 사용한다. 태양 전지를 이용한 발전을 태양광 발전이라고 한다. 실제 발전 시스템은 태양광의 에너지를 태양 전지에서 직접 직류 발전하고, 인버터를 거쳐 직류를 교류로 변환하여 사용한다. 태양 전지는 광 에너지의 전기 변환 효율이 10%대로 낮다는 것이 단점이며, 현재 효율을 높이기 위한 기술 개발이 이루어지고 있다.

● **풍력 에너지의 이용**

풍력 에너지는 태양의 광 에너지와 마찬가지로 무한한 친환경 에너지이다. 풍력 발전은 풍력 에너지를 풍차를 이용하여 회전 에너지로 변환하고, 그 에너지로 발전기를 구동시켜 전기 에너지를 얻는 것이다. 에너지 변환 효율은 30%대이지만, 계절이나 시간적인 변동이 있어 안정된 전력을 얻기 어렵다는 단점이 있다.

● **화학 반응에 의한 에너지의 이용**

연료인 수소와 산화제인 산소와의 화학 반응에 의해 전기를 발생시키는 장치를 연료 전지라고 한다. 연료 전지는 전해질의 차이로부터 인산형, 용융탄산염형, 고체전해질형 등이 있으나, 이 가운데 인산형이 상용화에 적합하다. 연료 전지 발전 시스템은 연료 전지 본체에 인버터, 연료 처리, 공기 공급, 배열 회수 등의 장치로 구성되어 있다. 이 발전 시스템은 친환경적이며, 소형이고, 발전 효율이 40~60%로 높다는 장점이 있다.

그림 1-41 태양전지의 원리와 이용

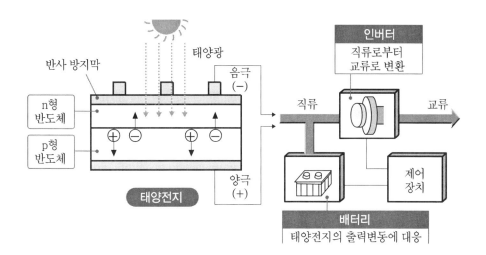

그림 1-42 일반가정의 태양광 발전 시스템의 구성 예(전력계통과 연계)

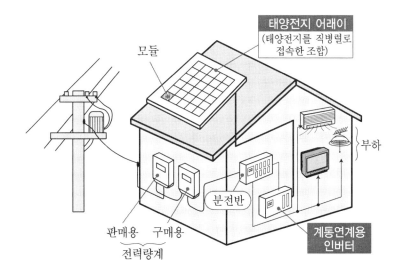

그림 1-43 풍력 발전 설비 예

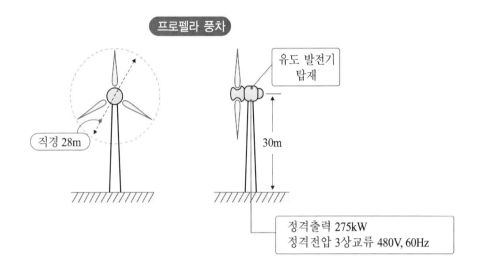

그림 1-44 연료전지 원리

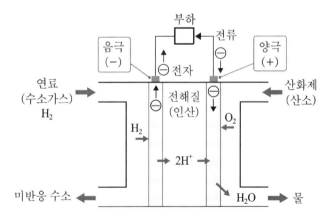

16. 에너지 절약 기술 - 공급 관점에서

지구 자원 가운데 특히 화석 연료를 연소하여 얻는 에너지 이용이 늘고 있다. 유한 자원을 유효하게 사용하기 위한 에너지 절약 대책으로는 ① 발전 효율을 높이고, ② 송전 손실을 줄이고, ③ 사용 전기기기의 효율을 높이고, ④ 절전이나 이용자의 의식 개혁 추진 등을 들 수 있다.

발전이나 송전에서의 에너지 절약 기술을 들어보자.

● **복합 발전에 의한 고효율화**

화력 발전에서는 연소 가스 온도가 1500~2000℃로 증기온도(약 550℃)보다 높다는 특징이 있다. 그래서 LNG를 태워 연소 가스(약 1100℃)를 발생시켜 그 팽창력을 이용하여 가스 터빈을 구동시킨 후, 배기 가스의 남은 열을 회수하여 증기 터빈을 회전시키는 방식으로 하면, 열효율은 LNG 연료의 경우 30%대의 효율을 40%대까지 올릴 수 있다. 이 발전 방식을 복합 발전이라고 한다. 현재 1300℃의 가스 터빈을 이용한 개량형 복합 발전이 개발되었으며, 그 열효율은 50%에 달하고 있다.

● **송전 손실의 감소**

송전시 발생하는 손실은 ① 전선의 저항에 흐르는 전류에 의해 생기는 저항손, ② 코로나 방전에 의해 생기는 코로나손 등이 있다. 이러한 송전 손실을 줄이기 위해서는 전압을 높이고 전류를 작게 하거나, 전선을 가능한 두껍게 하거나, 여러 전선을 묶은 다도체 방식으로 하는 등의 대책이 있다.

● **분산형 전원의 활용**

가까운 미래에 전력 수요지에 설치 가능한 분산형 전원으로서 연료전지나 태양전지를 활용하면 송전에 의한 전력 손실을 해소할 수 있다. 변환 효율이라는 점에서 태양 전지는 10%대로 낮으나, 연료 전지는 80%대로 높아 강력한 에너지 절약 대책이 될 것이다.

그림 1-45 전기 에너지의 흐름

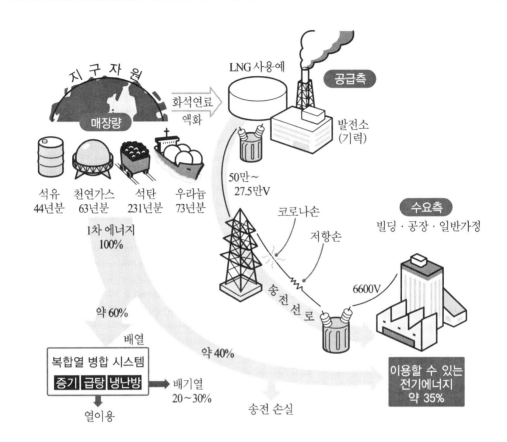

그림 1-46 복합발전의 원리

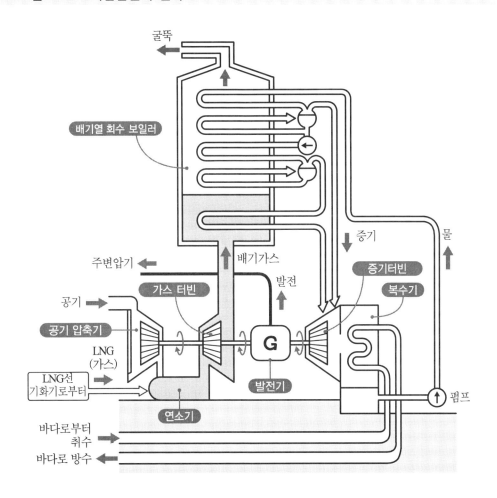

그림 1-47 송전선의 원리(다도체 방식)

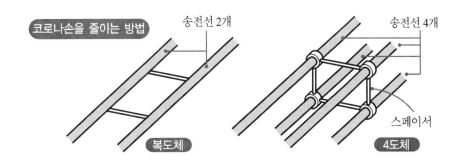

17. 에너지 절약 기술 – 이용 관점에서

일반 가정에서는 소비 전력이 가장 큰 가전제품이 에어컨이다. 그 다음으로 전열 기구를 들 수 있을 것이다. 이러한 가전제품에 도입된 에너지 절약 기술의 도입 사례를 알아보자.

● 인버터 에어컨

기존의 에어컨은 압축기의 회전 속도를 변화시킬 수 없어 냉방시 실내 온도가 설정 온도보다 내려가면 압축기를 정지시키고, 올라가면 다시 회전시키는 조작을 반복하여 실내 온도를 조절하였다. 그런데 인버터를 탑재함으로써 압축기의 회전 속도를 제어할 수 있게 되어 굳이 압축기를 켰다, 껐다 하지 않아도 되어 효율적인 운전이 이루어지게 되었다.

● 유도 가열 조리기

기존의 전열기구는 히터의 발열을 솥에 전달시켜 식품을 가열하는 방법을 사용했었다. 유도 가열 방식은 히터를 사용하지 않고 솥 자체를 가열시켜 조리하는 방법이다. 이 방법은 열원과 비가열물이 접하고 있기 때문에 효율이 80%대로 높다.

● 인버터식 조명기구

인버터식 형광등을 사용하면 동일 전력에서 점등한 경우 기존의 40W 형광등에 비해 밝기(조도)가 약 15% 향상되고, 같은 밝기에서는 85%정도의 전력이면 충분하다.

● 절전과 이용자의 의식 개혁

최근의 가전 기기는 타이머나 시계 기능, 리모컨 동작을 위한 지시 대기 등 다양한 기능이 있으며, 따라서 기기를 사용하지 않을 때도 전력을 소비하고 있다. 이것을 대기 전력이라고 한다. 이 전력은 세대 당 전체 소비 전력의 약 10%에 달하며, 앞으로도 계속 증가할 경향이 있어 무시할 수 없는 상황이다. 전력 소비 절약의 방법으로는 소비 전력이 적은 가전제품을 선택하는 것, 보일러나 온수의 온도를 자동적으로 조정할 수 있는 제품의 이용, 에어컨과 선풍기를 함께 사용하는 것 등을 들 수 있다.

그림 1-48 에어컨의 실온 제어

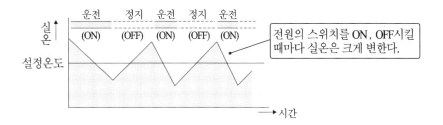

(a) 기존형 에어컨에 의한 실온 제어

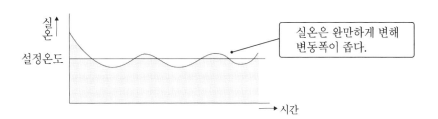

(b) 인버터 에어컨에 의한 실온 제어

그림 1-49 전열기구의 열효율 상승

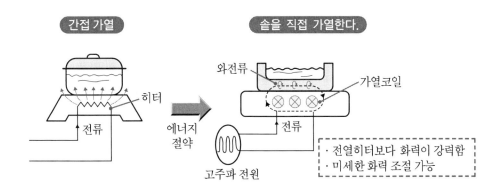

(a) 히터 가열 방식   (b) IH 방식

그림 1-50 인버터 형광등 기구의 원리

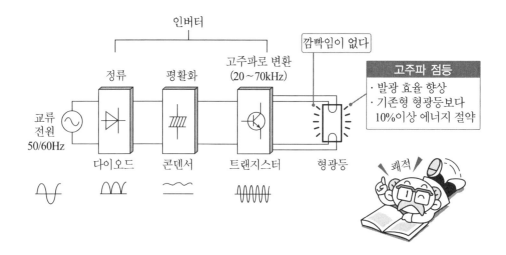

그림 1-51 대기 전력

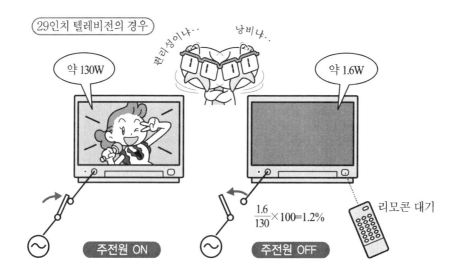

2장 전자의 세계

18. 다양한 전자 부품

● 가전제품과 전자부품

우리들의 생활에서 사용하는 가전제품에는 전자회로를 구성하는 전자부품이 포함되어 있다. 저항, 콘덴서, 코일, 집적회로(IC)와 같은 기본적인 전자부품은 다양한 가전제품에서 사용되고 있다. 또한, 컴퓨터는 물론, 전기밥솥, 세탁기, 에어컨 등에는 작업을 제어하기 위한 전자부품으로서 마이크로 프로세서 기능을 갖는 LSI 등도 사용되고 있다.

● 프린트 기판과 전자부품

일반적으로 전자회로는 프린트 기판에 필요한 부품을 배치하고, 납땜하여 고정시키거나 배선을 하여 만든다. 프린트 기판은 기판의 표면에 동박 회로 패턴을 형성한 판위에 회로에 따라 전자부품을 납땜한다. 기판 재료로는 에폭시 등이 사용된다.

● 대표적인 전자 부품

전자 부품은 새로운 제품 개발에 따라 그 종류가 매우 다양하다. 여기서는 대표적인 부품과 그 역할을 알아보자.

① 저항기 : 회로에 흐르는 전류를 제어한다.

② 콘덴서 : 전하를 축적한다. 교류는 통과시키지만 직류는 통과시키지 않는다.

③ 코일 : 직류는 통과시키지만 교류는 통과가 어렵다.

④ 다이오드 : 한 방향으로만 전류를 흐르게 한다. 정류회로, 검파회로 등에 사용된다.

⑤ 트랜지스터 : 미약한 전류 변화를 증폭한다. 그 외에 스위칭 작용도 한다.

⑥ 집적회로(IC) : 트랜지스터, 다이오드, 저항, 콘덴서 등을 목적에 따라 집적한 원 칩 소자이다.

그림 2-1 가전제품과 전자부품

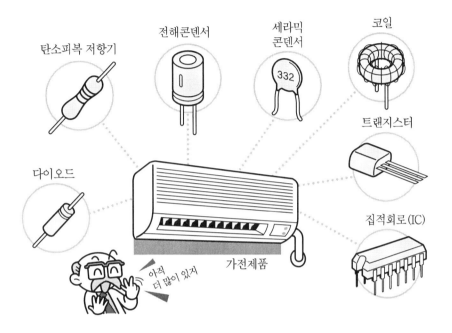

그림 2-2 프린트 기판의 구조

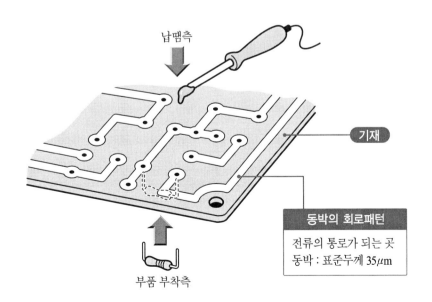

그림 2-3 프린트 기판

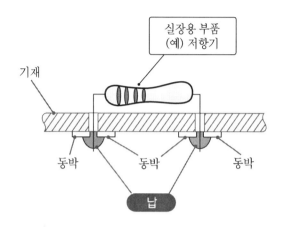

표 2-1 전자부품과 기호

부품명	기 호	부품명	기 호
저항기		코일	고주파용 저주파용
콘덴서	가변 전해 콘덴서	다이오드	
트랜지스터	npn형 pnp형	집적회로 (IC)	

19. 다이오드

● **다이오드란**

전류를 한 방향으로만 흐르게 하는 성질을 갖는 소자를 다이오드라고 하며, 대표적인 것으로 p형 반도체와 n형 반도체를 접합시킨 pn 접합 반도체가 있다(표 2-2).

● **pn 접합 반도체의 구조**

모재가 되는 실리콘 결정의 한 쪽에 5족 원소(인(P)이나 비소(As) 등)를, 반대쪽에 3족 원소(알루미늄(Al), 갈륨(Ga) 등)를 혼입하여 n형과 p형 부분을 생성한 반도체를 pn 접합 반도체라고 한다. 접합면 근처의 캐리어(전류의 근원이 되는 전기의 운반자)는 서로 다른 영역으로 들어가 결합하여 소멸된다. 그래서 접합면 부근은 공핍층이라고 하는 캐리어가 결핍된 층이 생기며, p형 부분에는 음의 전하가, n형 부근에는 양의 전하가 나타나, 이 사이의 전위차가 발생한다. 이것을 전위 장벽이라고 한다(그림 2-5).

● **다이오드의 성질**

다이오드의 주된 동작은 다음과 같다.

(1) **순방향 전압을 가했을 때의 동작**

p형 측에 전원의 양 전압을, n형 측에 음 전압을 가하면 전위 장벽은 낮아져 공핍층이 얇아지기 때문에 캐리어의 이동이 생겨 전류가 흐른다. 이때 가해진 극성의 전압을 순방향 전압이라고 한다(그림 2-6).

(2) **역방향 전압을 가했을 때의 동작**

(1)과 반대의 극성의 전압을 인가하면, 전위 장벽은 높아져 공핍층의 폭도 넓어지기 때문에 캐리어의 이동이 없어져 전류가 흐르지 않게 된다. 실제로는 소수 캐리어에 의한 전류가 약간 흐른다. 이때 가해진 극성의 전압을 역방향 전압이라고 한다(그림 2-6). 이와 같이 다이오드는 두 방향(순방향, 역방향)으로 흐르는 전류를 한 방향으로만 흐르게 하는 성질을 가지고 있다. 이와 같은 동작을 정류 작용이라고 한다.

● **이 밖의 특수 다이오드**

이 밖의 다이오드로서 ① 역방향의 정전압 특성을 이용한 정전압 다이오드(그림 2-7), ② pn 접합면 부근에 생기는 공핍층을 콘덴서로서 이용하는 가변용량 다이오드, ③ 순방향 전압에서 정공과 전자의 재결합의 과잉 에너지로 발광하는 발광 다이오드(그림 2-8) 등이 있다.

그림 2-4 pn 접합 다이오드

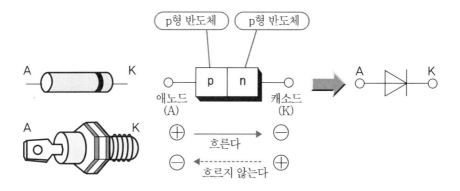

표 2-2 반도체의 종류

종류		내용 구성	다수 캐리어	소수 캐리어
진성 반도체		주로 순수한 실리콘 결정을 모재로 사용한다. 이 밖에 4족 원소인 게르마늄(Ge) 등이 있다.	———	———
불순물 반도체	n형 반도체	모재가 되는 실리콘에 불순물(비소(As), 인(P) 등의 5족 원소)을 혼입한 것	전자	전공(홀)
	p형 반도체	모재가 되는 실리콘에 불순물(붕소(B), 인듐(In) 등의 3족 원소)을 혼입한 것	전공(홀)	전자

그림 2-5 pn 접합 다이오드의 기본구조

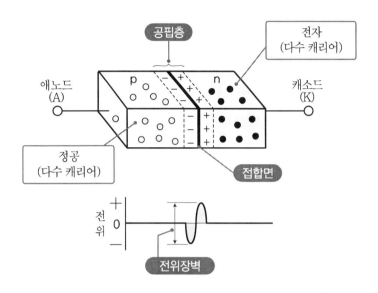

그림 2-6 다이오드의 특성

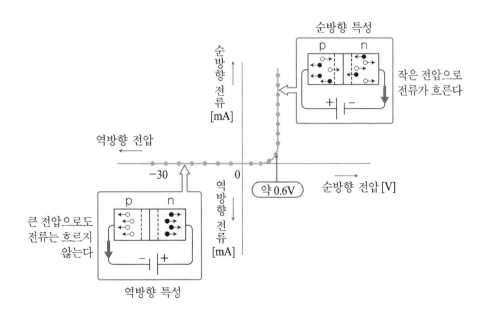

그림 2-7 정전압 다이오드

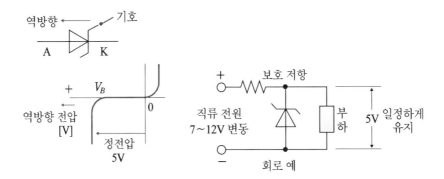

그림 2-8 발광 다이오드

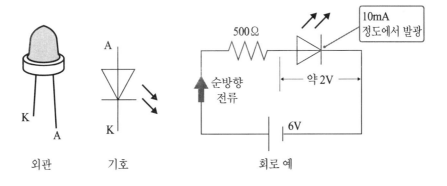

20. 트랜지스터

● **트랜지스터란**

트랜지스터는 동작하는 캐리어의 수에 따라 전자와 정공의 2개의 캐리어가 동작하는 바이 폴라 트랜지스터(BJT), 전자 또는 정공만이 캐리어로서 활동하는 유니 폴라 트랜지스터(전계효과 트랜지스터 : FET)의 두 종류로 분류된다. 일반적으로 트랜지스터라고 하면 바이 폴라 트랜지스터를 의미한다.

● **트랜지스터의 구조**

트랜지스터는 2개의 pn 접합을 조합하여 구성한 반도체 소자이며, 구조상 npn형과 pnp형으로 분류된다. 동작은 pn 접합의 경우의 캐리어 이동이 기본이다.

● **트랜지스터 성질**

트랜지스터의 기본적인 작용은 ① 증폭 작용, ② 스위칭 작용의 두 가지가 있다.

(1) 증폭 작용

트랜지스터에 직류 전원 E_B , E_C 를 접속 → E-B 사이에 순방향 전압 V_{BE} 를 인가하면 전위 장벽이 저하되고 → E의 전자군은 확산되면서 B로 이동하고, 그 가운데 약 1%가 B의 정공과 결합하며 → 결합하여 소멸된 정공은 E_B 의 양극으로부터 계속 보급되며, 미소한 I_B 가 흐르게 된다. → B의 정공과 결합 못한 E로부터의 전자 가운데 약 99%는 E_C 의 양극에 의해 C로 이동하며, 이것이 I_C 가 된다. → E의 전자는 E_B 의 음극으로부터 계속 보급되며, 이것이 I_E 가 된다(그림 2-10).

정리 : 미소한 I_B 가 흐르면 증폭된 I_C 가 흐른다. 이것이 전류 증폭이다. I_C 와 I_B 의 비 I_C/I_B 를 직류 전압 증폭률 h_{FE} 라고 한다.

(2) 스위칭 작용

트랜지스터는 C-E 사이가 스위치 작용을 한다. 즉 무접점 스위치라고 불리는 것으로 I_B 를 끊은 상태에서는 C-E간의 저항은 매우 커서, 콜렉터 전류는 흐르지 않는다. 그렇지만 어느 일정 이상의 I_B 를 흘리면, C-E간의 저항은 거의 0이 되어 회로의 부하 저항에 따라 I_C 가 흐른다(그림 2-11).

그림 2-9 트랜지스터의 구조

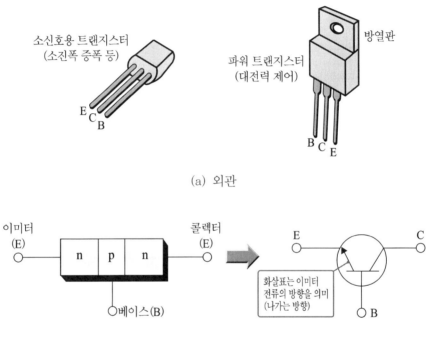

(a) 외관

(b) npn형 구성

(d) npn형 기호

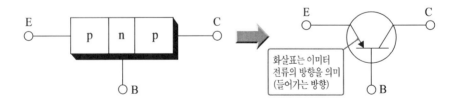

(c) pnp형 구성

(e) pnp형 기호

그림 2-10 트랜지스터의 동작

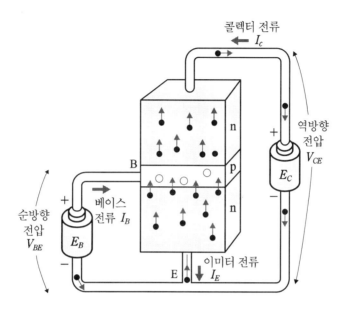

(a) 캐리어의 이동

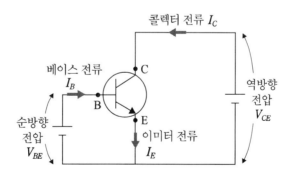

(b) 회로 기호

그림 2-11 트랜지스터의 스위칭 작용

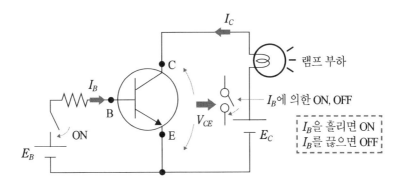

(a) 무접점 스위치

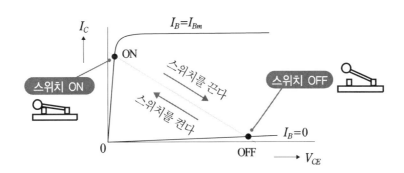

(b) 무접점 스위치의 원리

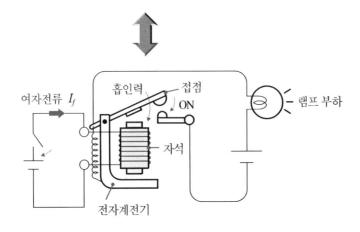

(c) 유접점 스위치

21. 사이리스터

● **사이리스터란**

사이리스터는 p형 반도체와 n형 반도체가 4개의 층 이상의 구조를 갖는 반도체 스위칭 소자의 총칭이다. 사이리스터에는 많은 종류가 있으나, 그 가운데 역저지 3단자 사이리스터를 사이리스터의 대표로 취급하며, 이것을 일반적으로 사이리스터라 부른다.

● **사이리스터의 구조와 성질**

pnpn형 4층 구조로 되어 있으며, pnp형과 npn형 2개의 트랜지스터를 접합한 것과 등가이다(그림 2-12). 이것은 다이오드와 마찬가지로 한 방향 소자이지만, 스위칭 소자로서 다음과 같은 성질이 있다.

① A-K 간에 순방향 전압을 가해도 전류가 흐르지 않는다(그림 2-13).
② 사이리스터가 동작하기 위해서는 G에 일정 전류 I_G (게이트 전류)를 흘리고, A-K 간에 순방향 전압을 가해 층을 늘려 가면, 일정 전압에서 A-K 사이는 도통 (ON)되고, 전류 I_A 가 급격하게 흐르며, A-K 사이의 전압 V_{AK}는 급격하게 감소한다. 이때의 전압을 브레이크 오버 전압 V_{BO}이라고 한다(그림 2-14).
③ 사이리스터는 일단 도통(ON)하면, I_G를 끊어도 I_A는 계속 흐른다. 이를 멈추게 하기 위해서는 전원을 끊거나 I_A를 유지 전류(ON 상태를 유지하기 위해 필요한 최소 전류) 이하로 하거나, A-K 사이에 역전압을 가하면 A-K 사이가 끊기게 (OFF)된다.

● **사이리스터의 이용 사례**

그림 2-15는 사이리스터를 이용한 조광장치이며, 게이트에 주어진 펄스(게이트 트리거)의 발생 시각을 바꿈으로써 도통 시간을 변화시켜, 등의 밝기를 조정하는 것이다. 이러한 방법을 위상 제어라고 한다. 사이리스터는 소전력부터 대전력까지 전력

제어용 반도체 소자로서, 무접점 스위치, 전동기의 속도 제어, 온도 제어, 정류 장치, 무정전 전원 등 광범위하게 쓰이고 있다.

그림 2-12 사이리스터의 구조

소전력형   고전압 · 대전류형

(a) 외관

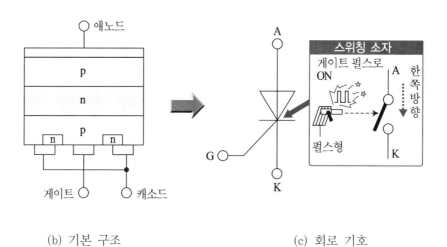

(b) 기본 구조   (c) 회로 기호

그림 2-13 V_{AK}만으로는 OFF 상태

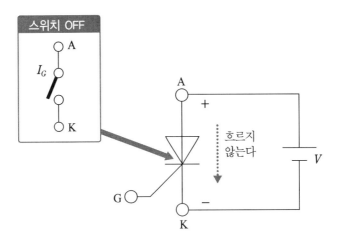

그림 2-14 사이리스터의 ON(OFF → ON)

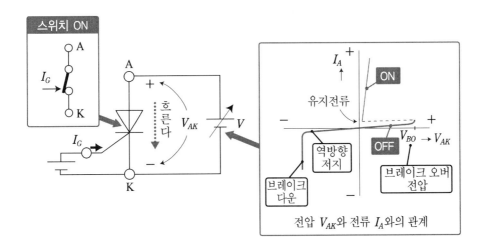

그림 2-15 조광장치로 이용

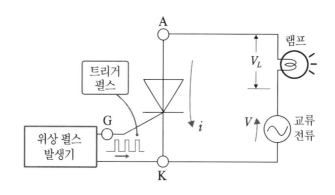

각 부의 파형

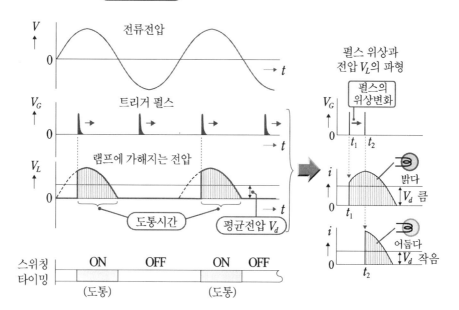

22. IC와 LSI

● IC란?

일반적으로 수 mm 정도의 실리콘 등의 반도체 기판 위에 사진 기술과 화학 처리 기술을 구사하여 다수의 다이오드, 트랜지스터 및 저항 등의 소자를 만들어, 이것을 집적하여 전자회로를 구성한 것을 집적회로(Integrated Circuit), 또는 IC라고 한다.

IC는 전자장치의 소형화의 요구에 따라 탄생한 것으로, 현재는 완구부터 가전기기, 컴퓨터 등 다양한 제품에 쓰이고 있다. 1960년대에 발명된 IC는 소자수가 수십 개 정도이었으나 1970년대에 들어와 LSI가 개발되었으며, 1980년대에는 VLSI가 속속 개발되어 제품화되었다. 또한 반도체 제조 기술의 발달에 따라 매년 고집적화가 진행되고 있다(표 2-4).

● IC의 특징

IC로 만들어진 회로는 각각의 회로 소자를 조립한 회로와 비교했을 때 ① 소형 경량이며, ② 대량 생산을 할 수 있어 저가이며, ③ 접속하는 부분이 적어 신뢰성이 높으며, ④ 소비 전력이 적다는 이점이 있다. 그러나 ① 열에 약하며, ② 코일이나 큰 용량의 콘덴서의 IC화가 어렵다는 단점이 있다.

● IC의 종류

IC는 구조상 및 기능상 다음과 같이 분류된다. 우선, 구조상으로는 그림 2-17과 같이 분류되며, 기능상으로는 다음과 같이 2가지로 분류할 수 있다.

① 디지털 IC : 디지털 신호를 취급하는 IC로, 이것을 더 분류하면, 구조에 따라 동작 속도는 빠르지만 소비전력이 큰 트랜지스터형 바이폴라 IC와 동작속도는 느리지만 소비 전력이 작고 고집적화가 쉬운 MOSFET형(MOS형) IC가 있다. 사용 목적에 따라서는 논리 IC, 메모리 IC, 마이크로 프로세서 등이 있다. 디지털 IC의 용도는 컴퓨터, OA기기, AV기기, 가전제품, 전자교환기 등 그 범위가 매우 넓다.

② 아날로그 IC: 아날로그 신호를 취급하는 IC로, 리니어 IC라고도 한다. 용도별로 분류하면 OP 앰프, 컨버터, 전원용 IC, 타이머용 IC 등이 있다.

그림 2-16 IC 외관

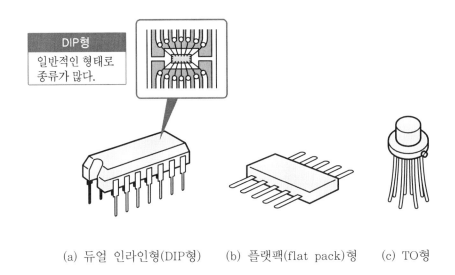

(a) 듀얼 인라인형(DIP형)　　(b) 플랫팩(flat pack)형　　(c) TO형

표 2-3 집적회로(IC)의 규모

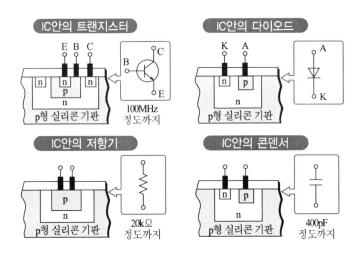

표 2-4　바이폴라 IC의 기본 구조

약칭	명　　　칭	소자수(집적도)
SSI	small scale integrated circuit	100 이하
MSI	medium scale integrated circuit	100~1000
LSI	large scale integrated circuit	1000~10만
VLSI	very large scale integrated circuit	10만~1000만
ULSI	ultra large scale integrated circuit	1000만~10억

(주) 집적도란 반도체 칩 속에 들어가 있는 소자수의 정도를 나타낸다.

그림 2-17　IC의 구조에 따른 분류

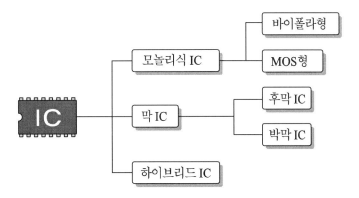

23. 센서

● **센서란**

온도, 빛, 압력, 변위, 자기, 가스 등의 물리량이나 화학량을 전기 신호로 변환하는 것을 센서라고 한다. 신호 변환 소자라고도 부른다. 예를 들어 에어컨은 그 속에 있는 센서가 온도를 감지하여, 그 신호를 마이크로 프로세서로 보내고, 마이크로 프로세서가 쾌적한 온도를 유지하도록 자동적으로 기계를 조정한다. 가전제품, 자동차, 로봇 등이 최적의 동작을 할 수 있는 것은 센서를 이용하여 외부로부터 정보(온도, 빛, 변위, 압력 등)를 전기 신호로 변환하고, 그 신호를 마이크로 프로세서가 제어하고 있기 때문이다(표 2-5).

● **센서의 분류**

센서를 변환 원리에 따라 분류하면 다음과 같다.

(1) 온도 센서

온도에 의한 물리적 변화를 감지하여 전기신호로 변환하는 것으로, 열전 변환 소자라고도 한다. 온도 센서에는 열기전력을 이용한 열전대, 전기 저항의 변화를 이용한 서미스터나 반도체의 pn 접합을 이용한 반도체 온도 센서 등이 있다.

(2) 빛 센서

빛 신호를 감지하여 전기신호로 변환하는 것으로, 광전 변환 소자라고도 한다. 광도전 효과를 이용한 광도전 셀, 광기전력을 이용한 포토 트랜지스터나 포토 다이오드 등이 있다.

· 사용 사례 : 카메라의 검출계, 정밀광학기기, 광통신, 스캐너, 바코드 리더기, 광전 스위치, 광전자 카운터 등에 응용되고 있다.

(3) 압력 센서

압력을 감지하여 전기신호로 변환하는 것으로, 감압 소자라고도 한다. 압력의 검출은 힘이나 가속과 같이 저항의 변화를 이용한 것, 압전 소자를 이용한 것 등이 있다.

· 사용 사례 : 맥박계, 심전계, 혈압계, 유량계, 토오크계, 마이크로폰 등, 의료분
야, 계측분야, 음향분야, 자동차, 비행기 등에 응용되고 있다.

그림 2-18 인간과 기계의 대응

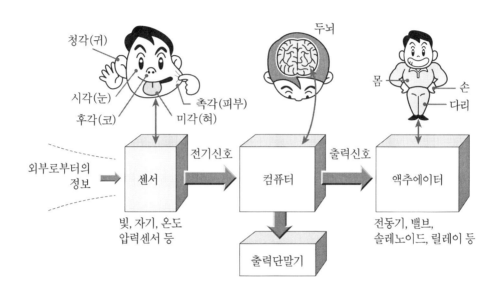

표 2-5 인간의 감각과 다양한 센서와의 관계

인간		검출되는 물리량·화학량	센서	
오감	기관		변환 원리	대상 센서
시각	눈	빛	광전도 효과	포토 다이오드, 포토 트랜지스터, CdS, CCD 센서
청각	귀	소리	압전 효과	세라믹 센서
			용량 변화	콘센서 마이크
			플래밍의 법칙	다이나믹 마이크
촉각	피부	온도	저항 변화	써미스터
			제어백 효과	열전대
			반도체 온도 특성	반도체 센서
		압력	압전 효과	반도체 압력 센서
			저항 변화	변형 게이지
후각	코	가스	흡착 효과	반도체 가스 센서
			화학 반응	접촉 연소식 가스 센서
미각	혀	수질	전위차	pH 센서

그림 2-19 센서의 응용 예

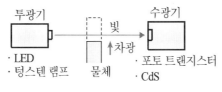

물체의 유무 검출(빛센서)

투광기 → 빛 → 수광기

· LED
· 텅스텐 램프

물체 / 차광

· 포토 트랜지스터
· CdS

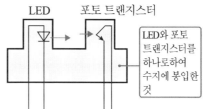

포토 카프라(빛센서)

LED / 포토 트랜지스터

LED와 포토 트랜지스터를 하나로하여 수지에 봉입한 것

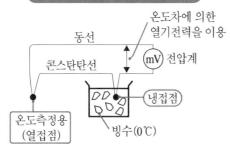

열전대 온도계(온도센서)

동선
콘스탄탄선

온도차에 의한 열기전력을 이용

mV 전압계

냉접점

빙수(0℃)

온도측정용 (열접점)

공해가스의 발생(가스센서)

반도체 레이저 → 레이저광 → 검출기

가스

· SO_2, ZnO 등의 반도체 표면에 가스가 부착됨으로써 전도율이 변하게 되며, 이를 검출

그림 2-20 자동차에 탑재되어 있는 센서

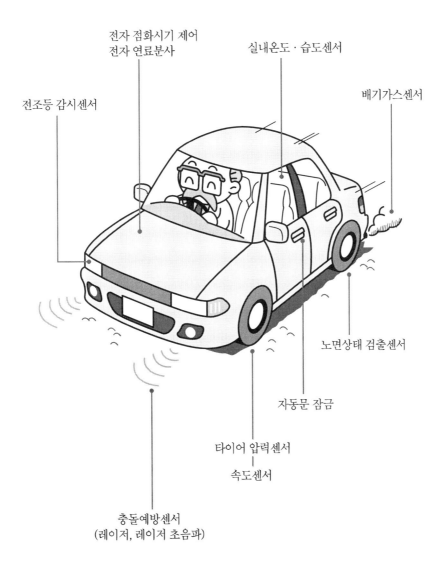

전자 점화시기 제어
전자 연료분사

실내온도·습도센서

배기가스센서

전조등 감시센서

노면상태 검출센서

자동문 잠금

타이어 압력센서

속도센서

충돌예방센서
(레이저, 레이저 초음파)

24. 아날로그와 디지털

● **아날로그 양과 디지털 양이란?**

우리들이 보통 다루는 수량 가운데 전압, 전류, 시간, 온도 등과 같이 연속적으로 변화하는 양을 아날로그 양이라고 한다. 이에 비해 과일의 가격이나 지하철 개찰구를 일정 시간 내에 통과하는 사람 수는 이산(離散)적이며, 불연속적인 숫자이다. 이와 같이 어느 일정량을 단위로 하여, 그 정수배의 값을 취하는 양을 디지털 양이라고 한다.

● **아날로그 계기와 디지털 계기**

아날로그 계기는 눈금판과 지침의 각도로 측정량을 지시하는 계기이다. 이에 비해 디지털 계기는 측정량을 숫자로 표시하는 계기이다(그림 2-22).

● **아날로그 회로와 디지털 회로**

아날로그 회로는 아날로그 신호, 즉 시간적으로 연속적으로 변하는 전압이나 전류의 크기를 취급하는 회로이며, 증폭 회로나 발진 회로 등이 있다. 디지털 회로는 디지털 신호, 즉 0과 1의 2의 두 가지를 이용한 '2진 신호'를 취급하는 회로이며, AND, OR, NOT 회로와 같은 논리 회로가 예이다.

● **아날로그 통신과 디지털 통신**

아날로그 통신은 정보를 전류의 강약의 변화(아날로그 양)로서 전송하는 방식이다. 이용 사례로는 음성을 전송하는 전화나 라디오 방송, 영상을 전송하는 텔레비전이나 팩시밀리 등이 있다. 한편, 디지털 신호는 전송하고 싶은 음성 신호와 같은 아날로그 신호를 AD 변환기(펄스 파형을 디지털 신호로 변환)를 이용하여 부호화하고, 수신 측에서는 디지털 신호를 원래의 아날로그 신호로 되돌리는 DA 변환기를 이용하여 복호화하여 전송하는 방식이다. 이용 사례로는 원거리 전화 등이 있다. 디지털 통신에서는 펄스의 유무가 신호가 된다. 따라서 잡음에 강하며, 양질의 통신이 가능하지만, 펄스파가 넓은 주파수 성분을 가지고 있어 아날로그 신호에 비해 넓은 대역폭의 전송로가 필요하다.

그림 2-21 아날로그양과 디지털양의 표현 예

(a) 시계의 경우   (b) 롤케이크의 경우

그림 2-22 아날로그 계기와 디지털 계기

(a) 아날로그 계기   (b) 디지털 계기

그림 2-23 아날로그 신호와 디지털 신호의 파형 차이

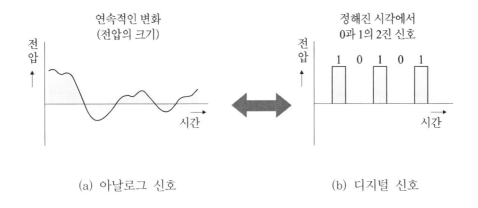

(a) 아날로그 신호   (b) 디지털 신호

그림 2-24 아날로그 통신과 디지털 통신

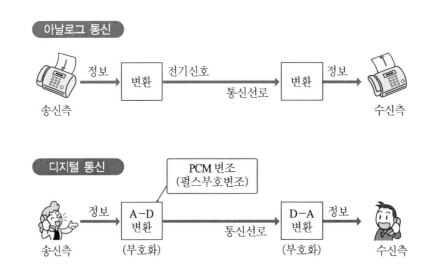

그림 2-25 신호와 잡음의 관계

아날로그 신호

잡음전압

신호전압

전압의 크기로 결정하기 때문에[신호분+잡음분]을
고려할 필요가 있다.

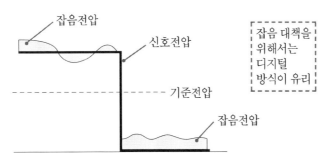

디지털 신호

잡음전압

신호전압

기준전압

잡음전압

잡음 대책을
위해서는
디지털
방식이 유리

기준전압보다 크냐 작으냐로 전압이 있다, 없다를
정하기 때문에 작은 잡음전압에는 영향을 받지 않는다.

25. 디스플레이 – 브라운관(CRT)

● 브라운관이란?

CRT(Cathode Ray Tube)라고 불리는 전자관이며, 전자총에서 발사된 전자 빔을 유리면에 도포된 형광체에 조사하여, 발광시켜 영상을 만드는 것이다. 이것은 디스플레이(표시장치)의 대표격인 것으로, 텔레비전이나 컴퓨터 등에 사용된다. 그러나 최근 CRT와는 다른 유형의 새로운 디스플레이로서 얇고, 소형이며, 눈에 피로감을 덜주는 액정 디스플레이가 급속도로 보급되고 있다.

● CRT의 특징

디스플레이로서의 CRT는 다음과 같은 특징이 있다. ① 높은 휘도와 해상도를 가지고 있다. ② 신뢰성이 높다. ③ 저가이다. ④ 고속으로 표시된다. 결점으로는 ⑤ 용적이 크다. ⑥ 큰 화면에는 적합하지 않다.

● 컬러 CRT 구조

컬러 CRT는 전자를 발사하여, 그 흐름(전자 빔)을 만드는 적(R), 녹(G), 청(B)의 3가지 전자총, 색 선택을 위한 샤도우 마스크, 적·녹·청의 미세한 형광체가 한 조로 도포된 형광면, 빔의 방향을 제어하는 편향 요크 등으로 구성되어 있다.

● 컬러 CRT의 원리

R·G·B의 전자총으로부터 발사된 3개의 전자 빔은 형광면을 향한다. 형광면의 앞에는 샤도우 마스크가 놓여 있어, 한 조의 형광체(RGB)에 대응하는 공(孔)을 3개의 전자 빔이 통과하여, 각각의 형광체에 닿게 되어 있다.

전자총에 더해지는 영상 신호의 제어에 의해 3개의 전자 빔의 강도를 가감하여, 삼색의 농도를 조절함으로써 다양한 색을 재생한다.

CRT관 면에 영상을 재생하기 위해서는 편향 요크의 자계로 전자 빔의 방향을 변화시켜, 화면의 횡방향에 순차 형광체를 발광시켜 나가며, 모든 형광체가 발광하면, 한 장의 영상이 완성된다. 이때 횡방향으로 30분의 1초 사이에 525개의 궤적(주사선)을 그린다.

1초 사이에 30장의 정지 화면이 바뀌기 때문에 CRT 면상에서는 화면이 움직이는 것처럼 보인다.

그림 2-26 컬러 CRT 구조

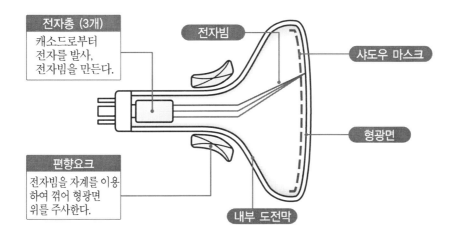

그림 2-27 컬러 CRT의 발광 원리

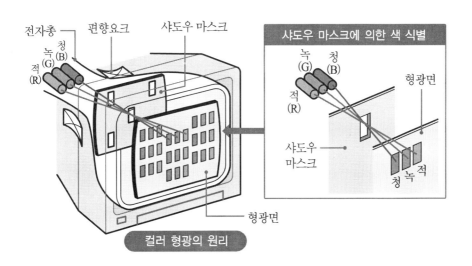

그림 2-28 빛의 3원색

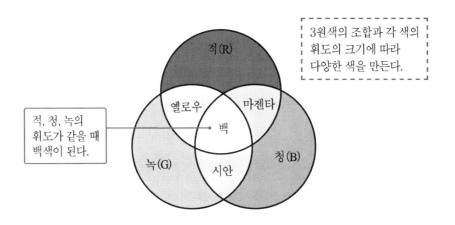

적, 청, 녹의 휘도가 같을 때 백색이 된다.

3원색의 조합과 각 색의 휘도의 크기에 따라 다양한 색을 만든다.

그림 2-29 주사의 원리

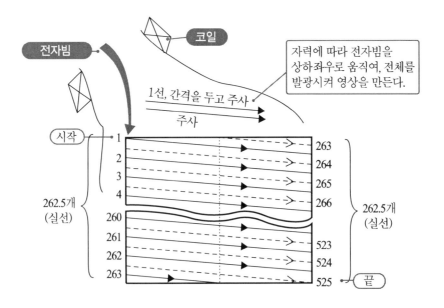

자력에 따라 전자빔을 상하좌우로 움직여, 전체를 발광시켜 영상을 만든다.

26. 디스플레이 – 액정

● **액정이란 무엇인가?**

액정은 액체와 결정의 합성어이며, 그 분자나 원자는 액체처럼 흩어져 있으나 결정과 같이 일정 방향으로 가지런히 늘어서 있어 액체와 결정의 중간적인 성질을 갖는 물질이다.

그림 2-31은 액정 디스플레이의 주역으로서 사용되고 있는 네마틱 액정의 분자 상태를 나타낸 것이다. 이것은 분자가 장축방향으로 늘어서는 경향의 성질을 가지고 있다.

● **액정의 활약은 빛에 달려 있다.**

액정은 CRT와 같이 스스로 발광하지 않으며, 액정의 변화는 외부의 빛에 달려 있다. 액정 텔레비전은 뒤에서부터의 빛이 액정을 통과하거나 차광하는 성질을 이용한 투과형이다. 한편, 전자계산기나 전자수첩과 같이 자연광으로부터 액정의 변화를 읽는 방법을 반사형이라고 한다.

● **액정 디스플레이의 기본 원리**

그림 2-32에 투과형의 액정 디스플레이의 원리를 나타냈다. 두 장의 투명 전극을 약수 μm의 간격으로 놓고, 그 사이에 네마틱 액정을 미세한 틈이 있는 배향판에 의해 90° 틀어서 배향하고, 그 외측의 두 장의 편향판 A와 편향판 B를 90° 틀어서 배치한다. 전압을 가하지 않을 때는 편향판 A를 통과한 빛은 90° 비틀어진 액정층에 유도되어 90° 회전하여 편향판 B를 통과한다. 이때 화면은 하얗게 보인다. 또한, 전압을 가했을 때는 액정 분자는 전계를 받아 종방향으로 서게 됨으로 편향판 A를 지난 빛은 그대로 액정층을 통과하여 편향판 B에서 차광된다. 이 때문에 화면은 검게 보인다. 가하는 전압이 작으면 백색과 흑색의 중간 색을 표시한다. 이와 같이 액정 디스플레이는 액정분자를 틀어서 배치함으로써 빛의 진로를 바꾸는 성질을 이용한 것이다.

● **실제 액정 디스플레이**

액정을 XY 매트릭스(행렬)형으로 배열한 화면을 구성하고 있다. 각 화소의 스위치에는 TFT(박막 트랜지스터)를 붙인 액티브 매트릭스 방식을 사용한다. 컬러로 표시하기 위해 각각의 화소에 적, 녹, 청의 컬러 필터를 조합시키고 있다. 이 TFT가 각 화소의 움직임을 정확하게 제어함으로써 명암이 좋은 선명한 화상이 재현된다.

그림 2-30　액정 디스플레이의 용도

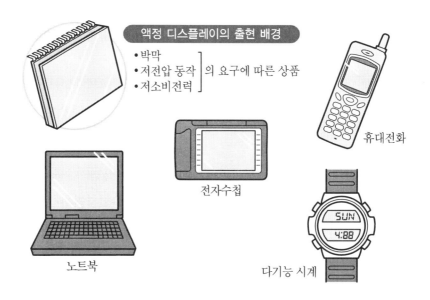

그림 2-31　대표적인 네마틱 액정

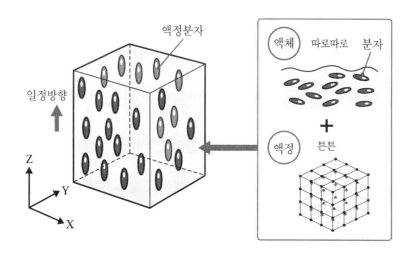

그림 2-32 액정 디스플레이의 기본 원리

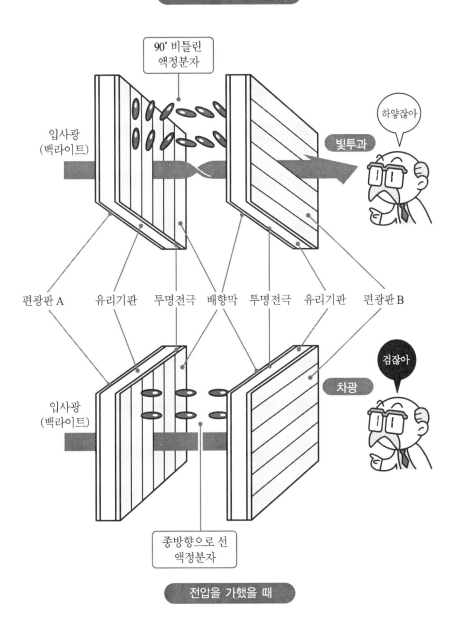

27. 퍼스널 컴퓨터

● **생활에 없어서는 안되는 문명의 이기 = 퍼스널 컴퓨터**

퍼스널 컴퓨터(Personal Computer)는 문자 그대로 개인이 사용하기에 적합한 소형 컴퓨터이다. 퍼스널 컴퓨터의 특징은 용도가 광범위하고, 사용하기 쉬워, 급속하게 생활에 침투되어 있다. 그 요인으로 다음과 같은 3가지를 들 수 있다.

① 퍼스널 컴퓨터의 입출력 단자에 키보드나 마우스, 디스플레이, 프린터 등 다양한 장치를 접속할 수 있다.

② 베이직 언어와 같은 회화형 프로그래밍 언어를 사용하여 쉽게 프로그램을 만들 수 있다.

③ 퍼스널 컴퓨터 전용의 windows나 맥 OS 등 OS(Operating System)의 발달로 인하여 다양한 응용 소프트웨어를 사용할 수 있다. 그 이용 사례로 워드 프로세서, 그래픽스, 인터넷 통신 등 무한하다.

● **퍼스널 컴퓨터의 하드웨어와 소프트웨어**

퍼스널 컴퓨터 본체나 기타 주변 기기를 하드웨어라고 하는데, 이것만으로는 컴퓨터를 구동시킬 수 없다. 컴퓨터를 조작하거나 어떤 작업을 시키려면 컴퓨터에게 순차적으로 처리하는 명령을 가르칠 필요가 있다. 이 명령의 집합을 프로그램이라고 부르며, 이것을 포함한 컴퓨터의 이용 기술을 소프트웨어라고 한다. 하드웨어와 소프트웨어를 합친 것이 컴퓨터 시스템이다.

● **컴퓨터 시스템의 구성**

컴퓨터 본체는 제어장치와 연산장치를 종합한 중앙연산처리장치(CPU: Central Processing Unit) 및 주기억장치로 되어 있다. 본체 주변에는 입력장치, 출력장치, 보조기억장치가 있다.

그림 2-33 데스크탑형 컴퓨터와 주변기기

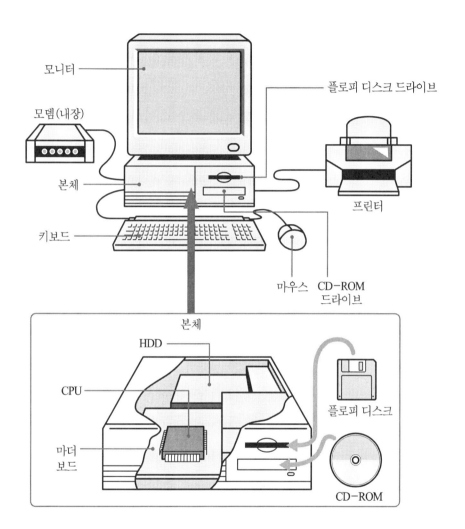

그림 2-34 컴퓨터 시스템의 구성

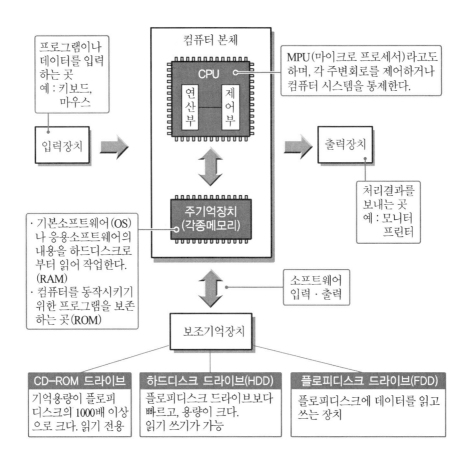

프로그램이나 데이터를 입력하는 곳
예 : 키보드, 마우스

입력장치

컴퓨터 본체

CPU
연산부 제어부

MPU(마이크로 프로세서)라고도 하며, 각 주변회로를 제어하거나 컴퓨터 시스템을 통제한다.

출력장치

처리결과를 보내는 곳
예 : 모니터 프린터

주기억장치
(각종메모리)

· 기본소프트웨어(OS)나 응용소프트웨어의 내용을 하드디스크로부터 읽어 작업한다. (RAM)
· 컴퓨터를 동작시키기 위한 프로그램을 보존하는 곳(ROM)

소프트웨어
입력 · 출력

보조기억장치

CD-ROM 드라이브
기억용량이 플로피디스크의 1000배 이상으로 크다. 읽기 전용

하드디스크 드라이브(HDD)
플로피디스크 드라이브보다 빠르고, 용량이 크다.
읽기 쓰기가 가능

플로피디스크 드라이브(FDD)
플로피디스크에 데이터를 읽고 쓰는 장치

28. 디지털 카메라

● **광학 카메라와 디지털 카메라의 차이**

역사가 있는 광학 카메라는 렌즈를 통해 피사체로부터의 빛을 잡아, 그 빛의 강약 (아날로그 양)으로 필름을 감광시켜 기억시키는 원리이다. 이에 비해 디지털 카메라 는 렌즈를 통해 피사체로부터의 빛을 촬상(撮像)소자인 CCD(Charge Coupled Device)로 인식하여 디지털 사진을 만든다. 만들어진 영상 데이터는 기록 매체에 기록된다. 이와 같이 CCD와 기록 매체는 기존 사진에서 말하는 필름에 해당한다.

● **디지털 카메라의 기록술**

기록 매체에 보존된 영상 데이터는 컴퓨터로 전송되어, 화상의 가공이나 조정, 또는 보존 판으로서 정리된다. 정리 후 프린트하고 싶은 화상은 프린터를 사용하여 출력 한다.

● **CCD란?**

CCD는 칩 상에 빛을 감지하는 수광 소자를 규칙적으로 다수 배열한 장치이다. 수광 소자 하나를 화소라고 한다. 수광 소자는 광학 변환의 역할을 하는 포토 다이오드, 전하를 축적하는 콘덴서, 축적된 전하를 보내는 전송부로 구성된 반도체 소자이다 (그림 2-36). 피사체의 밝기 정보는 전하의 양(아날로그 양)으로 변환되고(표본화), 다시 아날로그-디지털 변환(AD 변환)되어, 2진수로 치환되어 양자화된다. 여기서 변환된 디지털 화상은 플래시 메모리나 하드 디스크 등에 축적된다.

● **디지털 카메라의 장점**

① 필름이 필요 없으며, 디지털 카메라에서는 기록 매체가 필름 역할을 한다.

② 찍은 사진을 액정 모니터 등을 이용하여 그 자리에서 볼 수 있다.

③ 마음에 들지 않은 사진은 바로 지울 수 있다.

④ 스스로 화상 데이터를 컴퓨터로 전송하여, 가정에서 프린터를 이용하여 프린트 할 수 있다.

⑤ 화상을 컴퓨터로 전송하여, 컴퓨터를 활용하여 보정하거나 편집할 수 있다.

⑥ 전자 메일에 첨부하여 사진을 한 번에 여러 명에게 보낼 수 있다.

⑦ 촬영한 사진은 그대로 홈페이지의 소재로서 바로 사용할 수 있다.

⑧ 사진 관리를 쉽게 할 수 있다.

그림 2-35　광학 카메라, 디지털 카메라의 촬영에서 보존까지

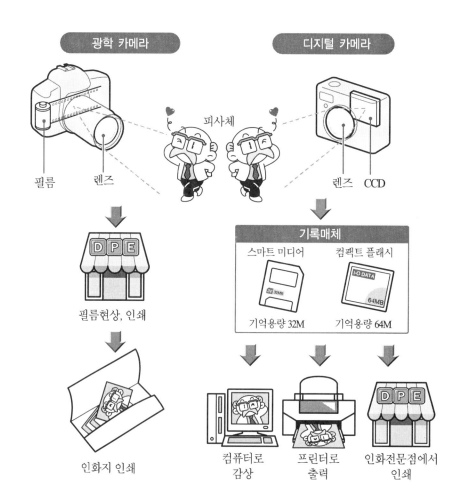

그림 2-36 디지털 카메라의 원리

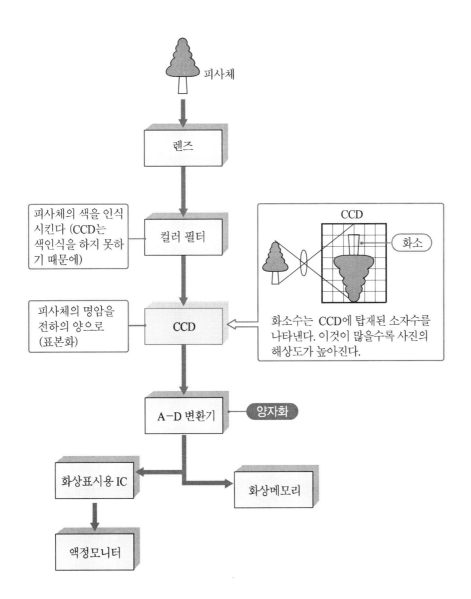

29. 마이크와 스피커

● 마이크로폰이란?

마이크로폰(마이크)은 소리에 의한 공기의 압력 변화를 전압이나 전류로 나타내는 전기신호로 변환하는 장치이다. 마이크로폰의 기본적인 동작은 진동판에 소리에 의한 압력을 가하고, 이것을 전기신호로 변환하는 것인데, 변환 방법에는 전기자기 현상이나 정전기 현상을 이용한 것이 있다.

● 마이크로폰의 종류

대표적인 마이크로폰에는 다음과 같은 것들이 있다.

(1) 다이내믹 마이크로폰

영구자석으로 만들어진 자석 속에 코일을 놓고, 진동판과 일체화하여 구동되도록 되어 있다. 진동판이 음파에 의해 진동하면, 코일도 함께 진동하여 자속을 끊으므로, 코일에는 기전력이 발생하여 출력신호를 내보낸다. 이것은 전자유도작용에 의한 것으로 발전기와 같은 원리이다.

(2) 콘덴서 마이크로폰

유전성의 진동판과 고정 전극 사이를 콘덴서로 이용한다. 음압에 의해 진동판이 진동하면, 2개의 전극 사이의 정전용량이 변하기 때문에 정전용량의 변화에 따라 충방전 전류가 흐르고, 이것을 출력신호로 내보낸다.

● 스피커란?

스피커는 증폭회로에서 증폭된 전기신호를 음파로 변환하는 장치이다. 현재 사용되고 있는 것은 대부분 다이내믹 스피커이다.

● 스피커의 음파 발생 원리

영구자석에 의한 자계 속에 놓인 보이스 코일에 신호 전류를 흘리면 전자석이 움직여 기계진동을 일으킨다. 코일과 붙어 있는 스피커 콘(cone)도 같은 진동을 하기 때

문에 음파가 발생한다. 스피커에는 저음용, 중음용, 고음용이 있으며, 이것을 조합
한 방식을 3 웨이 시스템(3 way system)이라고 한다.

그림 2-37 다이나믹 마이크로폰의 기본 구조

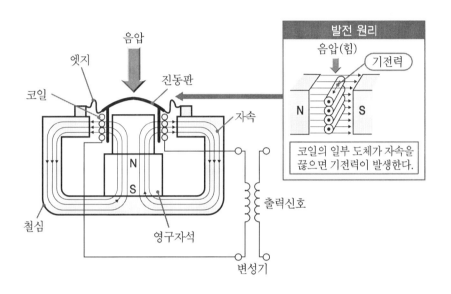

그림 2-38 콘덴서 마이크로폰의 기본 구조

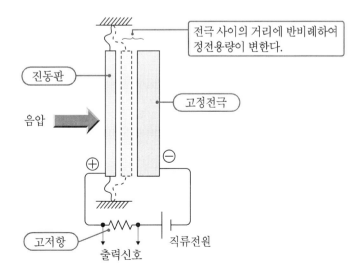

그림 2-39 콘형 다이나믹 스피커의 기본 구조

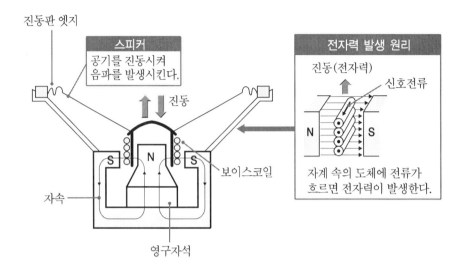

그림 2-40 스피커를 사용할 수 있는 주파수 대역

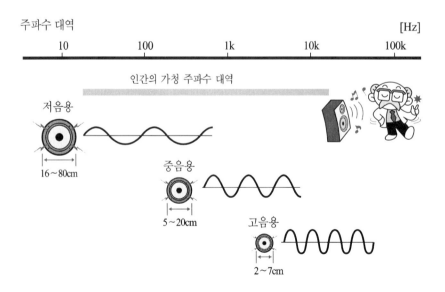

30. 카세트와 VTR

● **카세트 테이프 레코더·비디오 테이프 레코더란?**

카세트 테이프 레코더는 자기 테이프를 이용하여 음성을 기록·재생하는 장치로서, 거의 모든 것이 '카세트 식'이다. 한편 비디오 테이프 레코더는 테이프 레코더와 마찬가지로 자기 테이프에 영상 신호와 음성 신호를 기록·재생하는 것으로, VTR이라는 애칭으로 많이 불린다.

● **카세트 테이프 레코더의 녹음·재생·소거 원리**

① 녹음 : 자기 테이프를 일정 속도로 이동시키면, 녹음 헤드의 코어 사이에는 녹음 전류에 비례한 자계가 생겨, 테이프의 접촉 부분이 자화된다. 테이프가 헤드를 통과하면 신호는 테이프의 자성체 위에 잔류자기로서 기록된다(그림 2-41, 42).

② 재생 : 녹음과 반대의 동작을 한다. 녹음된 테이프가 헤드 사이 부분을 주행하면, 재생 헤드의 코일에는 잔류자기에 의한 전자유도작용에 의해 전기 신호가 재생된다(그림 2-41, 42).

③ 녹음의 소거: 교류 바이어스 전류를 소거 헤드에 흘려 강한 교류 자계를 주행 중 테이프에 가하면, 기록을 소거할 수 있다(그림 2-41).

● **VTR과 카세트 테이프 레코더의 차이**

카세트 테이프 레코더는 음성 신호만 가능한데, VTR은 음성 신호와 영상 신호를 동시에 기록·재생할 수 있다. 영상 신호는 빛의 강약을 전류의 강약으로 변환하기 때문에 영상 신호의 주파수는 0~4MHz로 광범위하여 정보량이 매우 많아진다. 이 때문에 카세트 테이프는 초속 4.8cm의 속도로 주행하지만, VTR의 영상 신호는 초속 38m로 주행시킬 필요가 있다. 따라서 구조가 크게 달라진다.

● **VTR 구조의 특색**

VTR은 테이프와 헤드의 상대 속도를 매초 38m로 하기 때문에 테이프의 주행과 역방향으로 헤드를 회전시키는 '회전 헤드 방식'을 사용한다. 헤드는 매초 30~60회의 고속으로 회전한다. 또한 음성 신호는 별도의 고정 헤드에서 테이프의 음성 트랙에 기록된다(그림 2-43).

그림 2-41 테이프 레코더의 구성

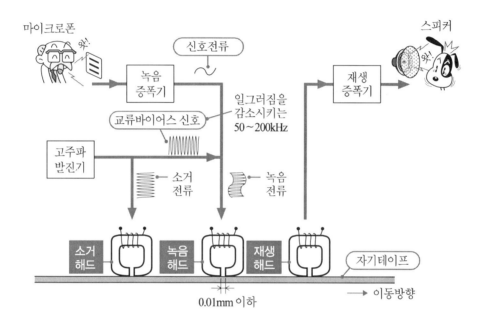

그림 2-42 테이프 레코더의 녹음 · 재생 원리

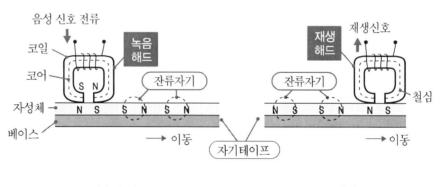

(a) 녹음   (b) 재생

그림 2-43 VTR의 원리

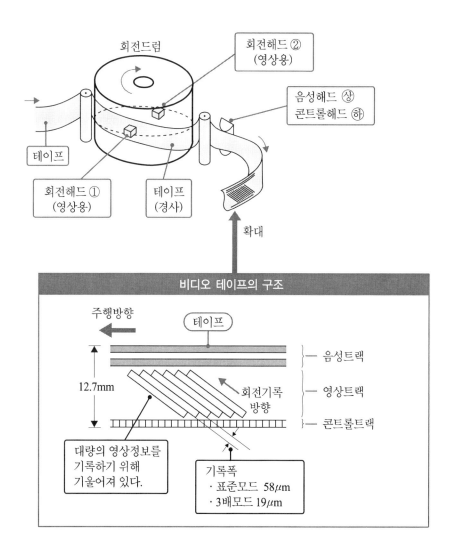

31. CD - Compact Disk

● CD 보급의 배경은?

CD는 Compact Disk의 약칭이며, 기존의 30cm LP 레코드에 비해 직경이 12cm로 작으면서도, 60분(최대 74분)의 소리나 영상을 기록·재생할 수 있다. 특히 음악용 CD는 LP 레코드나 테이프 레코드를 대신하여 폭발적으로 보급되었다. 이것은 오디오의 아날로그 방식으로부터 디지털 방식으로의 변환 기술의 발달에 기인한 것으로 음향 매체의 디지털화로 인해 고음질, 우수한 조작성 등을 인정받았기 때문이다.

● CD의 녹음 원리

CD는 음성의 아날로그 신호를 디지털 신호로 변환하여 기록하기 때문에 PCM(펄스 부호 변조) 방식을 채택하고 있다. PCM에 의해 부호화된 2진수는 CD의 신호면에 있는 피트(소형 돌기)의 유무와 그 길이로서 정보가 기록된다(그림 2-44).

● CD를 재생하기 위해서는

CD는 레이저 광을 이용하여 디스크의 신호면을 따라 읽음으로써 소리를 재생한다. 재생 중의 디스크는 회전하고 있으나 레이저 광은 디스크 내면으로부터 외면을 향해 반경 방향으로 이동한다. 이때 피트 부분은 반사하지 않고, 피트가 없는 부분은 반사한 광선의 양을 광 센서에서 디지털 신호로 검출한다. 이 신호를 DA 컨버터에서 아날로그 신호로 변환함으로써 소리가 재생된다(그림 2-45).

● 컴퓨터용 기록매체로서의 CD

CD는 음향 이외에도 다양한 용도로 사용되고 있다. 특히 컴퓨터 기록매체로서 쓰이고 있는 CD-ROM이 있다. 이것은 소프트웨어를 보존하거나 데이터 베이스로서 사전 등을 통째로 기록한 것도 있다.

그림 2-44 CD의 구조

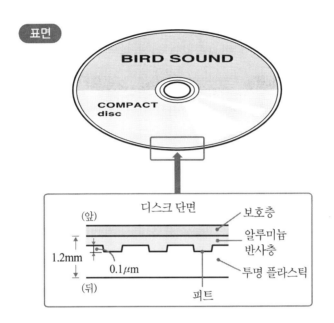

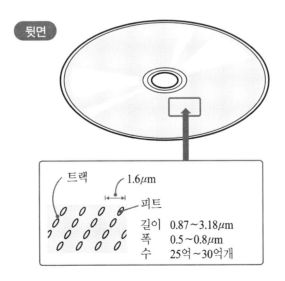

그림 2-45 CD 플레이어의 원리(CD 재생)

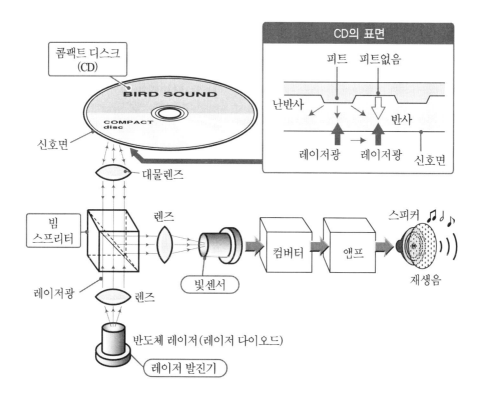

32. MD - Mini Disk

● MD는 CD와 무엇이 다른가?

MD는 새로운 휴대용 음성 기록 매체로서 디지털 음을 재생하는 것뿐만 아니라, 녹음도 가능하다. CD가 광 디스크인 것에 비해 MD는 광자기 디스크라고 하는 기록·재생의 원리가 다르다.

● MD란?

MD는 Mini Disk의 약칭으로 직경이 겨우 6.4cm인 디스크가 카트리지 안에 들어 있으며, 작은 사이즈이지만 CD와 같이 최대 74분의 장시간을 저장할 수 있으며, 더구나 고음질로 재생이 가능하다. 직경이 CD의 반밖에 되지 않는데도 CD와 같은 재생 시간을 갖는 것은 사람의 귀에 들리지 않는 소리를 골라 신호 데이터로 압축·기록하고, 재생시에 복원하는 기술을 사용하고 있기 때문이다. 이 고속 처리를 하는 마이크로 프로세서를 DSP(Digital Signal Processor)라고 한다.

● MD 녹음 원리

광자기 디스크의 녹음 원리는 표면이 얇은 자성체로 덮인 디스크에 레이저 광을 비추어, 자기 헤드(전자석)에 의한 자기로 신호를 기록한다. 사용자는 CD에는 여러 번 녹음을 할 수 없으나 MD의 녹음·재생용은 몇 번이라도 녹음할 수 있다는 편리성을 갖는다.

● MD 재생 원리

0, 또는 1의 신호가 자기에 기록되어 있는 광자기 디스크에 레이저 광을 비추면 자화 방향에 따라 반사되는 레이저 광의 편향면의 방향이 미소하게 정·역방향으로 회전한다. 이 회전을 편향 빔 스프리터를 통해 읽어 음을 재생한다.

● MD를 컴퓨터 기록매체로 활용

MD의 기록형식은 컴퓨터용 광자기 디스크, MO(Magnet-Optical)라고 부르는 기록 매체에 이용되고 있다.

그림 2-46 MD의 재생 원리

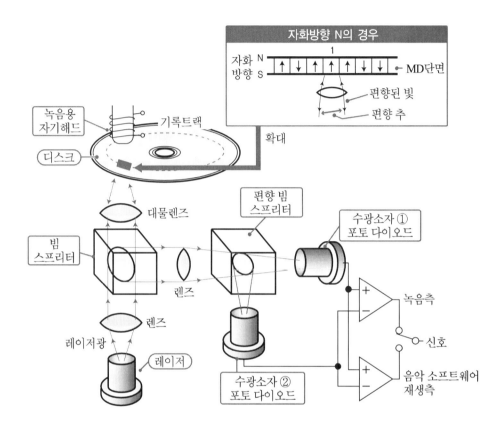

표 2-6 MD

MD의 종류(2방식)	
재생 전용 디스크	CD와 같은 원리 이용
녹음 · 재생용 디스크	광자기 디스크의 원리를 이용

33. LD - Laser Disk

● 레이저 디스크란?

레이저 디스크(Laser Disk), 약칭 LD는 원래 상품명이었으나 오늘날에는 광학식
비디오 디스크라고 불리고 있다. 이것은 디스크 상에 기록된 영상·음성 정보를 레
이저 광으로 읽어 재생하는 것이다. CD와 크게 다른 점은 영상 데이터가 디지털 신
호가 아니라 VTR과 같은 아날로그로 녹화된 것이다. 또한 LD는 보고 싶은 화면을
랜덤 엑세스할 수 있으며, 화질이 VTR보다도 우수하다. 그리고, 광학식이기 때문에
헤드와 기록면이 접촉하지 않기 때문에 많이 본다고 하여 영상이 훼손되지 않는 특
징이 있다.

● 레이저 디스크의 내부

디스크의 직경은 30cm이며, 디스크 한 쪽면에 길이 $1\sim2\mu$m, 폭 0.4μm, 높이 0.1
μm의 소형의 피트가 약 145억~300억 개 들어 있다. 피트에는 영상과 음성이 합성
된 신호가 기록되어 있다.

● LD 재생 원리

레이저 디스크의 재생은 디스크를 1분 당 1800회 회전시키고, 여기에 레이저 광을
비추면 피트 부분에서 난반사(亂反射)하고, 다른 부분에서는 반사한다. 이러한 반사
광의 증감을 포토 다이오드를 통해 전기 신호로 변환하여 영상과 음성 신호를 분리
한다.

● LD 시대에서 DVD 시대로

LD는 광 디스크 중에서 가장 역사가 오래되고, 동영상을 기록하는 디스크로서 1970
년대부터 개발되어, 1980년대에 제품화되었다. 당시 LD는 2시간짜리 영화를 그대
로 직경 30cm의 원판의 양면에 기록시키는 것으로 각광받았다.
그런데 다음에 소개할 DVD(직경 12cm, 한쪽 면만으로 같은 기능을 사용하는 디스
크)가 출현하게 됨으로써 LD 시대에서 DVD 시대로 급속하게 바뀌었다.

LD와 DVD의 근본적인 차이는 LD가 영상·음성 신호를 아날로그 데이터로 기록·재생하는 것에 비해 DVD는 영상·음성 신호를 디지털 신호로 만들어, 이것을 데이터 압축 기술로 데이터를 작은 사이즈로 변환하여 기록한다는 것이다.

그림 2-47 LD의 재생 원리

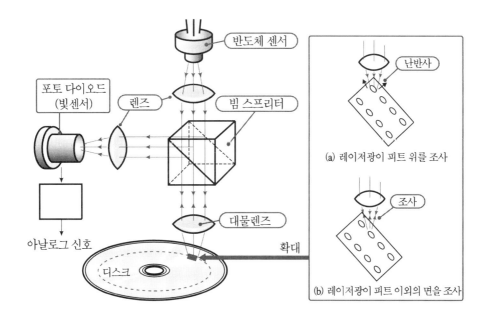

그림 2-48 LD와 CD의 비교

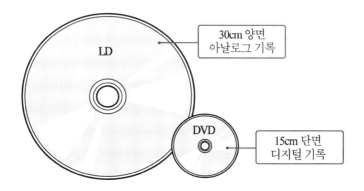

34. DVD - Digital Versatile Disk

● 기대되는 DVD

DVD란 Digital Versatile Disk의 약칭으로 디지털 데이터를 다목적으로 이용할 수 있는 디스크라는 의미이다. 외관은 직경 12cm, 두께 1.2mm로 CD와 구별하기 어려우나 기록량에 있어서 차이가 있다. CD는 한 장 당 최대 650M(6억5천만 문자 분량의 정보량)를 저장할 수 있으나 DVD는 한 장 당 표준으로 4.7GB(47억 문자 분량의 정보량), 최대 17GB의 데이터를 기록할 수 있다. 따라서 영화 한 편을 통째로 보존할 수 있는 등 다양하게 활용할 수 있으며, 새로운 대용량 기록 매체로서 큰 기대를 받고 있다.

● DVD의 4가지 특징

DVD의 장점은 다른 매체와 비교했을 때 대용량, 고화질, 고음질, 다기능이라는 것이다(그림 2-48).

● DVD의 원리

DVD는 정보를 디지털로 기록하는 디스크라는 것, 광 디스크를 레이저 광선으로 읽어 들인다는 원리는 기본적으로 CD와 같으나, ① 피트 수를 늘려 용량을 확대했다는 것과, ② 두께를 CD의 반인 0.6mm로 하여 레이저 광을 비춤으로써 읽는 정밀도를 높이는 기술 등을 구사하고 있다(그림 2-49).

● 컴퓨터 DVD의 매력

DVD는 컴퓨터 기록 매체로서 주목받고 있다. 그 이유 중 하나는 DVD-ROM은 CD-ROM과 마찬가지로 읽기 전용이며, 컴퓨터용 프로그램이나 데이터를 수록하기 위한 디스크이기 때문이다. 기록 용량은 약 7장 분량의 CD 데이터를 한 장의 DVD에 기록할 수 있다.

그림 2-49 DVD의 4가지 특징

DVD는 원래 미국의 영화업계
로부터 요청받아 만들어졌다.
현재는 영화를 수록한 DVD가 주류이다.

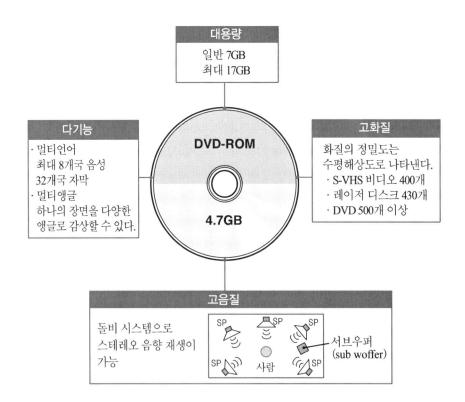

대용량

일반 7GB
최대 17GB

다기능

· 멀티언어
  최대 8개국 음성
  32개국 자막
· 멀티앵글
  하나의 장면을 다양한
  앵글로 감상할 수 있다.

DVD-ROM

4.7GB

고화질

화질의 정밀도는
수평해상도로 나타낸다.
· S-VHS 비디오 400개
· 레이저 디스크 430개
· DVD 500개 이상

고음질

돌비 시스템으로
스테레오 음향 재생이
가능

SP
SP
SP
서브우퍼
(sub woffer)
SP
사람
SP

그림 2-50 DVD의 데이터 입력 원리

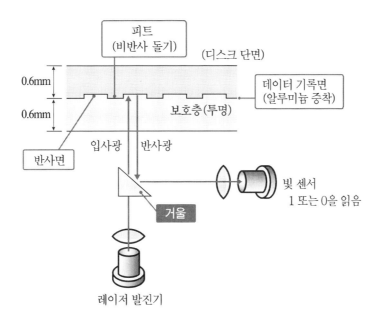

그림 2-51 DVD의 컴퓨터 활용

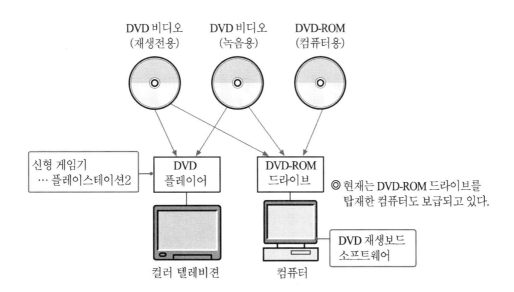

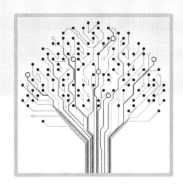

3장 전기와 정보통신

35. 전파와 안테나

● **전자파란?**

그림 3-1과 같이 2개의 전극에 고주파의 교류 전압을 가하면 고주파 전류가 흘러, 그 주위에 자계가 발생한다. 이 자계는 높은 고주파로 변하여 공간에 전류를 흘린다. 이렇게 변하는 전계와 변하는 자계가 쇄교하여 공간 속을 진행해 간다. 이 파동을 전자파라고 한다(그림 3-2).

● **전파란?**

전자파 가운데 일반적으로 주파수가 30kHz~30GHz이며, 전기 통신에서 사용되는 것을 전파라 한다(그림 3-3).

● **전파의 주파수와 파장의 관계는?**

전파는 전계와 자계가 서로 묶이면서 공간을 진행해 가는 현상이지만, 주파수에 따라 성질이 달라진다. 이것을 주파수별로 분류한 것이 표 3-1이다. 여기서 주파수란 1초 당 파의 반복되는 수를 말하며, 파장은 1회 반복될 때 소요되는 길이이다. 주파수를 $f[\text{Hz}]$, 파장을 $\lambda[\text{m}]$, 빛의 속도를 $c(=3 \times 10^8 \text{m/s})$라고 하면, $\lambda = c/f$가 된다.

● **전파의 성질**

전파는 파장이 짧을수록(주파수가 클수록) 직진성이 좋다. 단파보다도 파장이 짧은 파장은 빌딩이나 산 등의 장해물의 뒤편에 도달하지 못하나, 장파나 중파는 빌딩 등의 뒤편에 돌아서 전달된다(회절). 지구 주위에는 전리층(공기의 이온층)이 있으며, 주된 것으로 E층과 F층이 있다. 장파나 중파는 E층에서, 단파는 F층에서 반사하지만, VHF, UHF 및 마이크로파는 전리층을 뚫는 성질이 있다. 방송에서 단파는 F층에서 반사하는 전파를 이용하고, 마이크로파는 전리층 밖에 있는 정지 위성을 이용한다.

● 안테나

전파를 공간에 방사하거나 공간의 전파를 수신하기 위한 장비를 안테나라고 한다. 전파를 수신하는 안테나의 길이는 파장의 1/2이 된다. 그림 3-5는 VHF대의 통신용이나 텔레비전 방송의 수신에 사용되는 안테나를 나타내고 있다. 그림 3-6은 파라볼라 안테나로 파라볼라 반사경과 1차 방사기로 구성되어 있다. 이것은 밀리미터파(EHF)대에 송수신하는 안테나로 이용된다.

그림 3-1 전파의 재생

그림 3-2 전파의 전달

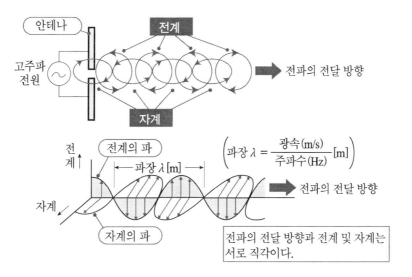

$$\left(파장\ \lambda = \frac{광속\,(\mathrm{m/s})}{주파수\,(\mathrm{Hz})}\,[\mathrm{m}]\right)$$

전파의 전달 방향과 전계 및 자계는 서로 직각이다.

그림 3-3 전자파의 주파수에 의한 분류

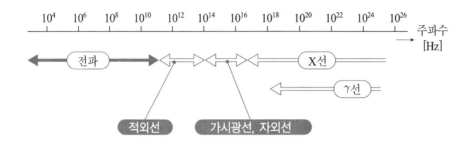

표 3-1 주파수 · 파장에 따른 전파 분류

주파수의 호칭(약칭)	주파수	파장	주요 용도
파 장 (LF)	30~300kHz	10~1km	선박, 항공통신 등
중 파 (MF)	300~3000kHz	1000~100m	AM 방송, 선박, 항공 등의 통신
단 파 (HF)	3~30MHz	100~10m	중 · 장거리 국내외간의 통신
초 단 파 (VHF)	30~300MHz	10~1m	텔레비전, FM 방송, 이동무선 등
극 초 단 파 (UHF)	300~3000MHz	1m~10cm	텔레비전, 다중통신, 레이더 등
마이크로파 (SHF)	3~30GHz	10cm~1cm	다중통신, 위성통신 등
미 리 파 (EHF)	30~300GHz	10~1mm	레이더 등

그림 3-4 전파의 전달경로

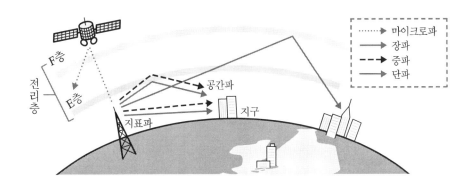

그림 3-5 텔레비전 안테나의 구조

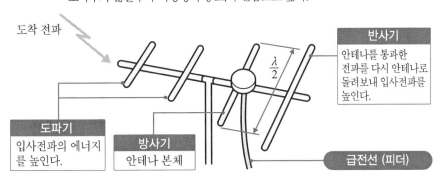

그림 3-6 파라볼라 안테나

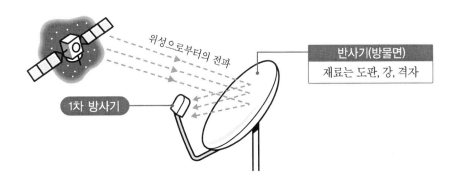

36. 전파의 변조와 라디오

● 변조란?

음악이나 음성과 같은 신호 전류는 저주파이기 때문에 전파와 같이 공간을 통해 원거리를 전송할 수 없다. 그래서 이 저주파 전류를 고주파 전류에 실어 전파로서 전송한다. 음악이나 음성 등의 정보를 나타내는 전류를 신호파라고 하며, 이 신호파를 운반하는 고주파 전류를 반송파라고 한다. 신호파를 반송파에 싣는 것을 변조라고 하며, 변조된 전류를 피변조파라고 한다. 변조의 방식은 주로 다음과 같은 2가지가 있다.

(1) 진폭 변조와 AM 라디오

방송국의 발진기로부터 발생하는 고주파 전류(반송파)를 신호 전류파의 강약에 따라 진폭을 변화시키는 방법으로, 이것을 AM(Amplitude Modulation) 변조라고 한다. 라디오의 AM 방송이나 텔레비전의 영상 전파에 이용된다.

(2) 주파수 변조와 FM 라디오

고주파 전류(반송파)의 고주파를 신호 전류의 강약에 따라 주파수를 변화시키는 방법으로, 이것을 FM(Frequency Modulation) 변조라고 한다. 라디오의 FM 방송이나 텔레비전의 음성 전파에 이용된다.

● AM 방송과 FM 방송의 차이는?

AM 방송은 ① 잡음의 영향을 받기 쉬우며, ② 주파수 대역(50~7500Hz)이 좁고, 특히 고음역의 특성이 나쁜 결점이 있다. 한편, FM 방송은 ① 잡음의 영향을 잘 받지 않으며, ② 고주파 대역(50~15000Hz)이 넓고 음질이 좋은 방송이 가능하다.

● AM 라디오의 원리

방송국에서 전송되어 오는 전파로부터 음성 등을 재생하는 장치를 라디오 수신기라고 한다. 라디오는 기본적으로는 수신 전파를 선택하는 부분(동조), 음성 신호를 뽑아내는 부분(검파 또는 복조), 음성 신호를 증폭하여 스피커를 진동시키는 부분(증폭)으로 구성된다. 일반적으로 AM 라디오는 선국 이외의 전파와 혼신을 피하고, 음질을 좋게 하기 위해 슈퍼 헤테로다인 방식을 택하고 있다. 이 방식은 수신 주파수에 맞게 국부 발진기의 주파수를 변환시키며, 특히 중간 주파수를 455kHz로 하는 것이다.

그림 3-7 변조의 원리

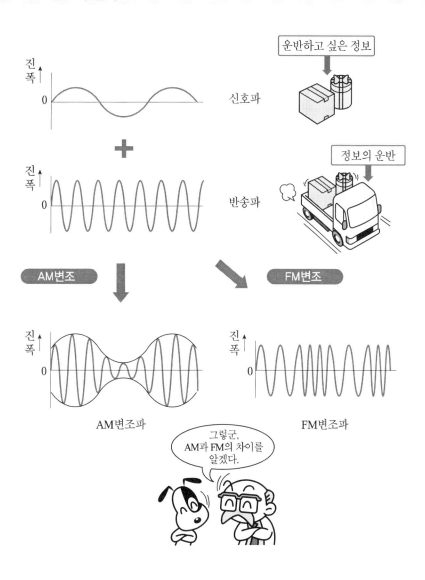

그림 3-8 진폭변조의 원리

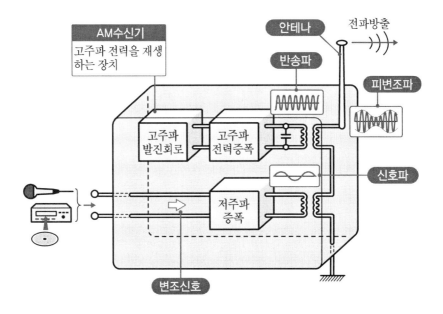

그림 3-9 AM 라디오의 기본구성

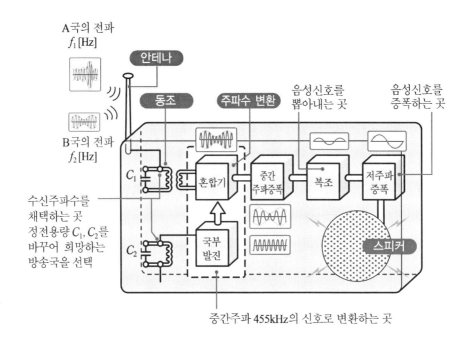

37. 텔레비전 방송

● **텔레비전 방송의 원리**

컬러 텔레비전 송수신의 원리를 알아보자(그림 3-10).

(1) 송신측

방송국에서 피사체로부터의 빛은 텔레비전 카메라(렌즈와 색분해 프리즘, 적·녹·청의 영상관으로 구성)의 렌즈에서 모아져, 색분해 프리즘(색을 분해하는 특수 프리즘)으로 적, 녹, 청의 3원색으로 분해된다. 분해된 3가지 색의 성분은 3개의 촬상관(撮像管)에 의해 적, 녹, 청의 3원색으로 변환된다. 이 3가지 영상 신호와 마이크로폰으로부터의 음성 신호는 송신회로를 거쳐 방송국의 송신 안테나에서 텔레비전 전파로서 송신된다.

(2) 수신측

수신 안테나에서 수신된 전파 속에서 원하는 방송국의 전파를 선택하여 증폭회로와 검파회로를 거쳐 영상 신호와 음성 신호를 뽑아낸다. 영상 신호는 더 나아가 색신호 재생 회로를 거쳐, 적, 녹, 청의 원색 신호가 되어 컬러 수상관에 있는 적, 녹, 청의 3가지 전자 빔을 비추면, 각 색의 형광체가 각각 발광함으로써 컬러 화상이 되어 재생된다. 이때 전자 빔은 동기 신호에 의해 제어된다. 또한, 음성 신호는 음성 회로에서 증폭되어 스피커에서 음성으로 재생된다.

● **위성 방송이란?**

방송 위성(BS : Broadcasting Satellite)이나 통신 위성(CS : Communications Satellite)으로부터의 전파를 이용한 방송을 위성 방송이라고 한다. 이것은 빌딩이나 산 등에 의한 전파 장해를 일으키지 않으므로 넓은 범위에 걸쳐 선명한 영상을 보낼 수 있다. 이와 같은 방송은 전파의 주파수가 높으므로 지상파를 이용한 텔레비전 방송에 비해 다채널을 운영할 수 있으며, 하이비전, 소위 고선명 텔레비전(HDTV)도 수신할 수 있다는 장점이 있다. BS에 의한 위성 방송은 아날로그 방식

(2000년 12월부터 디지털 방송도 개시하였다)으로 텔레비전 방송국으로부터 발신한 전파를 중계하여 직접 각 가정에 송신하는 것이다. 한편, CS는 원래 통신 목적으로 쏘아 올려진 위성이었으나 디지털 방송용으로 변환된 것이다. CS의 송신 전력은 수 10W로 약해, 직경 75cm정도의 파라볼라 안테나가 필요하다.

그림 3-10 컬러 텔레비전 방송의 구성

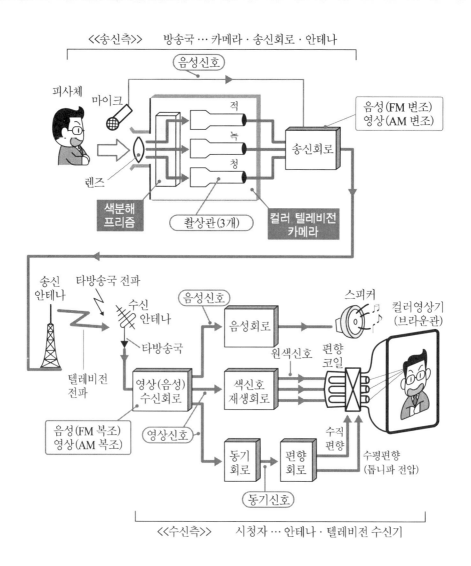

그림 3-11 BS에 의한 위성방송

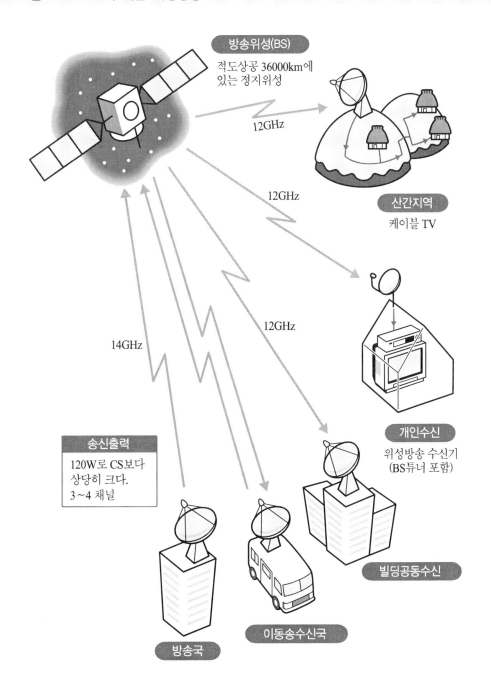

38. 광통신

● **광통신이란?**

정보수단으로서 전기 신호나 전파 대신에 빛을 이용한 통신을 광통신이라고 한다. 빛은 전파보다 주파수가 높으므로 광대역의 전송로를 확보할 수 있다. 따라서 대량의 정보를 보낼 수 있다.

● **광섬유 통신 시스템이란?**

그림 3-12와 같이 유선 통신에 광섬유를 전송로로 이용한 방식을 광섬유 통신 시스템이라고 부른다. 이 시스템은 송신측에서는 전기신호를 반도체 레이저 등으로 빛 신호로 변환하고, 광섬유 케이블로 전송한다. 수신측에서는 이 빛 신호를 애벌런치 포토 다이오드 등으로 전기 신호로 변환하여, 송신한 신호를 재생시키는 원리로 되어 있다.

● **광섬유의 구조**

광섬유는 빛을 전송하는 투명한 유리 섬유, 또는 플라스틱 섬유로 되어 있다. 구조는 중심부의 코어와 그 주위에는 코어보다도 굴절률이 작은 클래드(clad)가 있으며, 바깥쪽에는 나일론 등의 합성수지로 피복되어 있다. 빛은 코어와 클래드의 경계를 전반사로 반복하면서 진행한다.

● **발광 소자와 수신 소자**

발광 소자에는 발광 다이오드(LED)와 반도체 레이저(LD)가 있다. LED는 LD보다 광 출력 등에 있어서 취약하지만, 신뢰성이나 수명 등이 우수하다. LD는 광 증폭이 가능하기 때문에 고출력을 얻을 수 있다. 수광 소자에는 애벌런치 포토 다이오드(APD)나 핀 다이오드가 있다. APD는 고효율 변환이 가능하고, 고속, 장거리 전송에 적합하다.

● **광통신의 특징**

기존의 동 등의 금속 매체에 의한 통신에 비해 다음과 같은 특징을 갖는다.

① 전송 손실이 작아 중계기가 없어도 먼 거리까지 정보를 전송할 수 있다.

② 전송 대역폭이 넓어 전화, 팩시밀리, 영상 등 대용량의 정보를 동시에 보낼 수 있다.

③ 외부로부터 혼선 등의 영향을 받지 않으므로 선명한 정보를 전송할 수 있다.

④ 동축 케이블 등 케이블이 동 케이블보다 가볍고 가늘다.

⑤ 유리 원료인 이산화규소(SiO_2)의 매장량이 풍부하다.

그림 3-12 광섬유 통신 시스템에 의한 전화통신

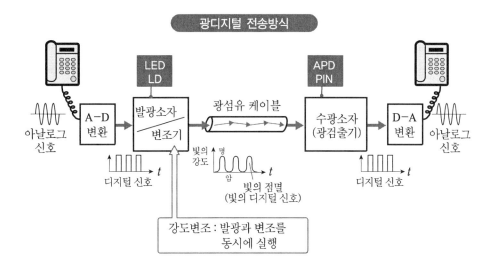

그림 3-13 광섬유 구조

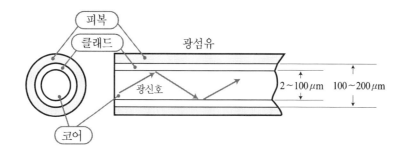

(a) 광섬유와 빛의 전송

(b) 광섬유 케이블의 외관

39. 전화의 원리

● 유선통신과 전화

전화는 발신 측의 음성 신호를 전기 신호로 변환하여 전송로를 따라 보내고, 수신측에서 이 전기 신호를 다시 음성 신호로 변환하는 유선 통신이다. 유선 통신은 전송로로서 통신 케이블이나 광섬유 케이블을 사용한 통신을 말하며, 통신로의 설치와 보수에 비용이 들지만, 소리의 변형이나 잡음, 혼신의 영향이 적고, 상대에게 정확하게 정보가 전달되며, 통신 내용에 대한 보호도 쉽다는 특징이 있다.

● 통화의 기본 원리는?

그림 3-14는 통화의 기본 원리를 나타내고 있다. A 전화기의 음성은 전류로 변환되어 회로를 흘러, B 전화기의 변압기를 통해 B 전화기의 수화기에 음성 전압이 되어 전달된다. 반대로 B 전화기의 송화기로 들어간 음성도 마찬가지로 A 전화기의 수화기에 전달된다. 실제 회로는 자신의 소리가 자신의 수화기에서 들리는 것을 막는 구조로 되어 있다.

● 전화기의 구성

전화기는 ① 특정 통화자를 부르기 위해 교환기에 다이얼 신호를 보내는 발신 장치, ② 상대로부터의 착신을 벨 소리 등으로 표시하는 착신 장치, ③ 상대방과 이야기를 하기 위해 음성을 전기 신호로 변환하거나, 전기 신호를 음성으로 변환하는 기기, ④ 보다 우수한 대화가 가능하도록 통화 전류를 조정하는 기능을 갖는 통화 장치로 구성되어 있다.

● 전화 교환이 필요한 이유는?

전화 가입자별로 전화선을 접속한 경우 전화선 수는 수 없이 많을 것이다. 다수의 전화 가입자가 이야기 하고 싶은 상대를 고르는 작업이 전화 교환이며, 이 장치를 전화 교환기라고 한다(그림 3-15). 그림 3-16은 디지털 전화 교환기를 나타낸 것이다.

● 전화 선로

1대1로 대화하는 전화, 팩시밀리나 텔레비전, 컴퓨터의 데이터 등 다양한 매체를 통해 정보가 전달되는 시대가 되었다. 따라서 기존의 전화 선로를 이용한 아날로그 양(음성 전류)의 전송 방식으로부터 펄스 신호로 구성된 디지털 양의 전송 방식으로 변하고 있다(그림 3-17).

그림 3-14 통화회로의 기본 구성

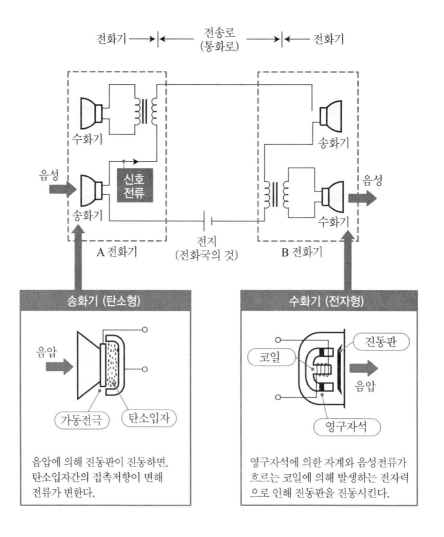

그림 3-15 전화교환이 필요한 이유

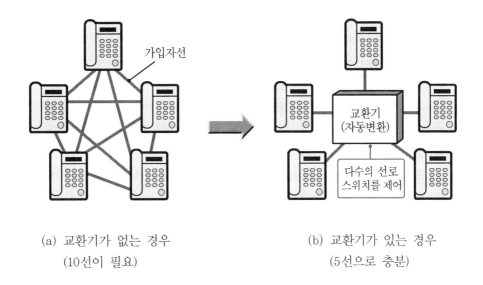

(a) 교환기가 없는 경우   (b) 교환기가 있는 경우

    (10선이 필요)   (5선으로 충분)

그림 3-16 디지털 전자 교환기의 구성

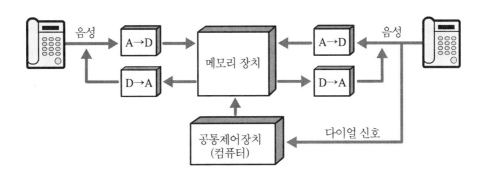

그림 3-17 ISDN(종합디지털 통신망)에 의한 정보선로

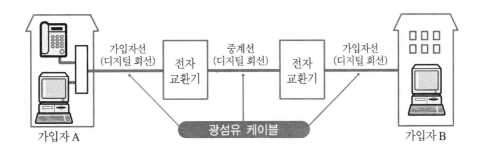

40. 휴대전화

● 휴대전화

전자 기술의 발달을 배경으로 소형이며 성능이 우수한 단말기기가 이용되고 있다. 이동통신은 유선 케이블을 사용할 수 없는 선박 무선, 항공 무선, 자동차 전화, 휴대 전화 등 다양한 분야에서 이용되고 있다. 특히 휴대전화의 수요가 급증하고 있다.

● 이동통신의 원리

휴대전화는 자동차 전화와 같은 시스템으로 같은 주파수 대역인 800MHz~2GHz 정도의 전파를 사용하고 있다.

이동통신에서는 휴대전화에 의한 통화를 확보하는 영역을 반경 수 km의 작은 지역 방식으로 하며, 각 지역에 무선 기지국을 배치하고 있다(참고로 반경 20km 정도의 큰 지역 방식은 택시 무선 등에 이용되고 있다). 이 방식에서는 안테나의 설치비가 많이 들지만 통신 영역이 좁아 휴대전화의 전파 출력이 작아도 되기 때문에 전화기를 보다 작게 만들 수 있다. 또한, 전파를 유효하게 이용하는 이점을 갖추고 있다(그림 3-19). 자동차 안에서 통화 중에 다른 지역으로 들어가도 채널이 자동으로 전환되어 통화가 끊기지 않도록 되어 있다.

● 휴대전화기의 원리

종전까지는 아날로그 방식이 주류를 이루고 있었으나 디지털 방식이 등장함으로써 양상이 달라졌다. 디지털 방식은 무선 신호를 디지털 신호로 변환하여 송신하는 방식이다. 고품질의 통화로 다수의 가입자를 처리할 수 있으며, 기지국이나 전화기의 가격 인하가 가능하다.

● 휴대전화와 PHS의 차이

PHS(간이형 휴대전화)는 집안의 무선 전화를 보급시킨 것이다. 통화 거리가 100~300m정도로 짧고, PHS 단말기의 전파 출력은 10mW정도로 작다. 이에 비해 휴대 전화는 단말기의 출력이 600mW 이상이며, 통화 요금이 비싸다는 것이 단점이다.

그림 3-18 이동통신의 원리

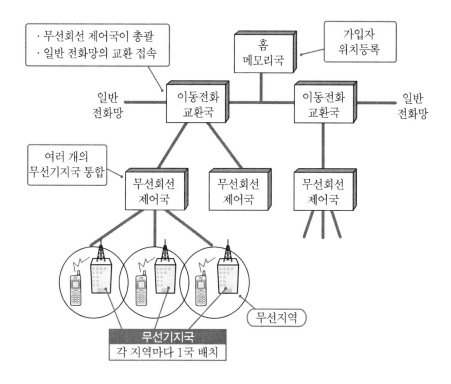

그림 3-19 무선지역(대지역 방식과 소지역 방식)

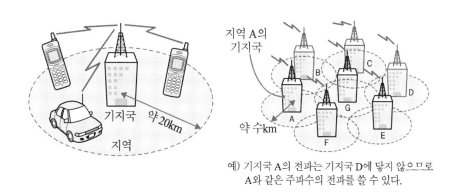

예) 기지국 A의 전파는 기지국 D에 닿지 않으므로 A와 같은 주파수의 전파를 쓸 수 있다.

(a) 대지역 방식　　　　　　　　(b) 소지역 방식

그림 3-20 휴대전화기의 내부 구성

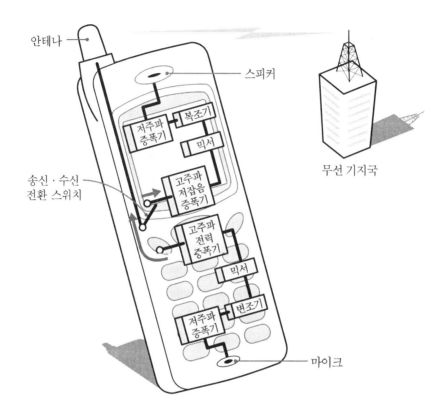

41. 팩시밀리

● **팩시밀리란?**

팩시밀리는 문자나 그림 등의 정지 화면을 전화 회선으로 송수신하는 장치이며, 복사기의 기능과 복사한 것을 상대에게 보내는 기능을 겸하고 있다. 팩시밀리는 정지 화면을 전송하고 수신측에서 지면상에 재생하는 것에 비해, 텔레비전은 동영상을 전송하고 수신측에서 디스플레이 상에서 재생되는 차이가 있다.

● **팩시밀리에 의한 송수신의 원리**

(1) 송신측

2차원(지면상) 정보를 순차적으로 읽고, 1차원 정보로 변환하는 송신주사를 한다. 정보를 읽을 때는 원고에 빛을 비추어 그 반사광의 강약을 CCD나 포토 다이오드 등의 수광 소자로 검출한다. 문자 부분은 반사광이 약하고, 다른 하얀 부분은 반사광이 강한 것처럼, 반사광의 강약을 전기 신호로 변환하고(광 전환기), 이것을 회선에 접합하도록 변조하여 동기 신호와 함께 송출한다.

(2) 수신측

보내온 신호를 원래 화상 신호로 복조한다. 복조된 신호에 따라 기록된다(기록 전환). 2차원 수신 화면으로 하기 위해 수신 주사를 하는데, 이때 송신 원고가 바르게 나타나도록 위치 배합을 한다.

● **화상의 주사 원리**

그림 3-23은 전자식 평면주사의 원리이다. 이것은 원고를 평면 위에서 광전 변환 소자에 의해 전자적으로 읽어 들이는 방식이다. 주주사(횡방향)는 밀폐형 이미지 센서의 내부에 배열되어 있는 광전 변환 소자를 전자적으로 절환하여 진행하며, 부주사(종방향)는 용지 공급 장치에 의해 진행해 간다. 광 빔의 반사광은 광전 변환 소자(광 센서)에 의해 광전 변환되며, 원고의 농도에 따라 화상 신호 전류가 얻어진다.

● **수신측의 기록**

수신측에 보내온 전기 신호는 감열지를 사용하여 재현된다. 일렬로 배열된 발열 소자는 전기 신호에 따라 발열하고, 발열한 소자에 접촉하고 있는 기록지에 색이 입혀져 송신 원고가 재생된다.

그림 3-21   팩시밀리의 기본 원리

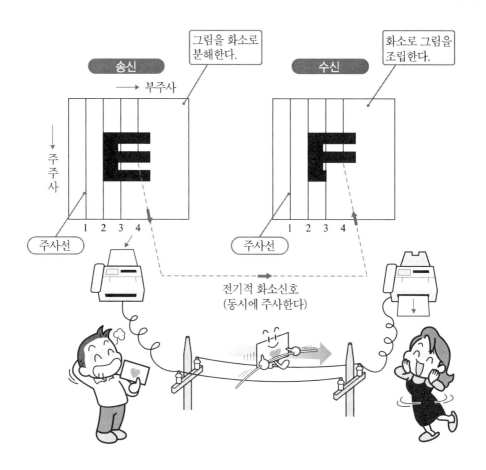

그림 3-22 팩시밀리에 의한 송신기의 원리

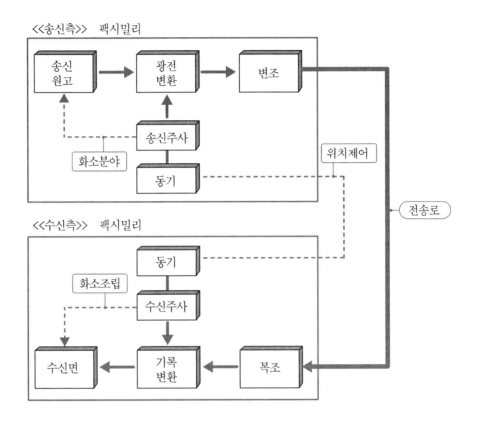

그림 3-23 전자적 평면주사의 원리

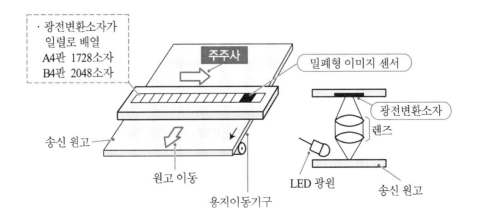

42. 내비게이션 시스템

● 내비게이션 시스템이란?

내비게이션 시스템은 운전하는 자동차의 현재 위치를 액정 디스플레이 상의 지도에 표시하여 효과적으로 목적지까지 유도해 주는 장치이다.

현재 위치를 알기 위해서는 미국의 국방성이 개발하여 쏘아올린 24기의 인공위성(NAVSTAR)으로부터 세계 어느 곳에 있더라도 늘 4기 이상의 전파를 수신하여, 현재 위치를 표시하는 시스템을 이용한다. 이것을 GPS(위성 항법 장치)라고 하며, 4기 이상의 위성으로부터의 전파를 수신하여 위치와 시간 정보로부터 위성과 자동차와의 거리를 측정히는 원리로 되어 있다.

● DVD 내비게이션이 주류

계산한 현재 위치는 액정 모니터 상의 지도로 변환되어 표시되며, 이 지도는 지금까지 CD ROM에 기록되어 왔다. 그러나 이것은 용량이 작아 전국을 한 장에 담을 수 없고, 읽어 들이는 데 시간이 걸려, DVD 내비게이션이 나오게 되었다.

● 내비게이션의 응용

(1) VICS(Vehicle Information & Communication System)

이것은 국토교통성, 총무성, 경찰청이 추진하고 있는 '도로교통정보통신 시스템'이며, 전국 도로에 설치된 수만 기의 무선 표지(Beacon)로부터 교차로명, 분기점 안내, 지체, 사고 정보 등을 발신하는 구조로 되어 있다. 이 VICS 서비스를 받음으로써 정체 구간을 돌아갈 수 있어 주행 시간을 단축할 수 있다.

(2) 자이로 센서

자동차 자체가 방향을 계산하는 시스템으로 광섬유·자이로나 지자기 센서 등이 있다.

(3) ATIS

휴대전화로부터 실시간으로 도로교통을 파악할 수 있는 시스템을 말하며, 디지털 방식이기 때문에 정보가 정확하다.

(4) 호일 센서

타이어의 회전수로부터 주행거리를, 두 바퀴의 회전수 차이로부터 주행 방향을 검출하는 시스템이다.

그림 3-24 도로 안내 자동차 네비게이션

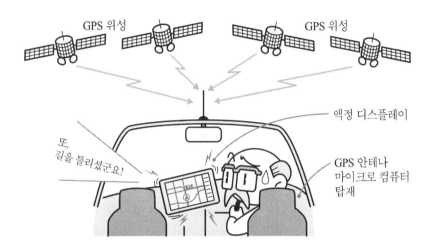

그림 3-25 VICS의 원리

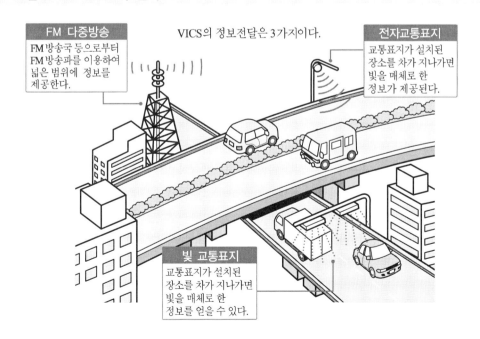

43. 컴퓨터 네트워크

● **컴퓨터 네트워크란?**

한 대의 컴퓨터도 사용 방법에 따라 여러 가지 편리하게 활용할 수 있으나, 여러 대의 컴퓨터를 접속하여 각각의 컴퓨터를 연계함으로써 더욱 유용하게 사용할 수 있다. 이와 같이 여러 대의 컴퓨터를 접속하여 정보를 교환하거나, 공동으로 작업하는 기술을 말한다.

● **컴퓨터 네트워크를 구성하는 것들**

다음과 같은 4가지가 컴퓨터 네트워크를 구성하고 있다.

(1) 컴퓨터

컴퓨터 네트워크의 중심이 되는 장치로서, 서비스를 제공하는 컴퓨터와 그 서비스를 이용하는 컴퓨터로 분류된다. 이 서비스를 제공하는 컴퓨터를 서버라고 하며, 서비스를 받는 컴퓨터를 클라이언트라고 한다.

(2) 통신회선

컴퓨터를 접속하기 위한 선을 말한다. 구내가 아니라 떨어진 장소의 컴퓨터에 접속하는 경우 구축하려고 하는 네트워크 규모, 목적, 교환하는 정보량에 따라 통신 회선(전화 회선(아날로그 회선), ISDN(디지털 회선), 전용선, 패킷 교환망 등)을 선택한다.

(3) 컴퓨터와 통신회선의 접속 장치

대표적인 장치로 모뎀을 들 수 있다. 이것은 컴퓨터와 전화회선을 접속하는 것으로, 0과 1로 표현되는 전기신호를 음성신호로 변환하거나, 역변환하는 역할을 한다.

(4) 네트워크화의 약속과 소프트웨어

네트워크 상의 약속을 프로토콜이라고 한다. 이를 통하여 컴퓨터끼리 정보 교환을 바르게 할 수 있다. 또한, 네트워크를 사용하여 여러 대의 컴퓨터를 활용할 수 있는 구조를 만들기 위한 소프트웨어가 필요하다.

그림 3-26 컴퓨터 네트워크에 필요한 것

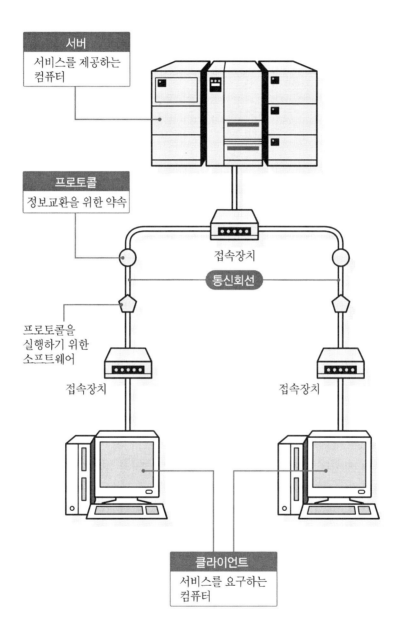

그림 3-27 컴퓨터 네트워크의 종류

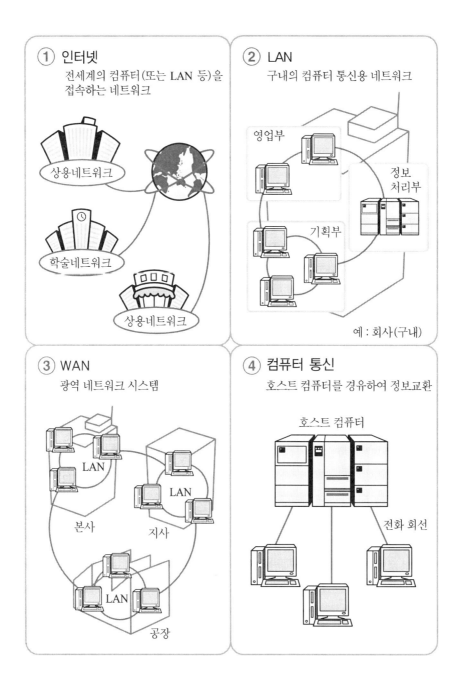

① 인터넷
전세계의 컴퓨터(또는 LAN 등)을 접속하는 네트워크

상용네트워크

학술네트워크

상용네트워크

② LAN
구내의 컴퓨터 통신용 네트워크

영업부

정보 처리부

기획부

예 : 회사(구내)

③ WAN
광역 네트워크 시스템

LAN

LAN

본사

지사

LAN

공장

④ 컴퓨터 통신
호스트 컴퓨터를 경유하여 정보교환

호스트 컴퓨터

전화 회선

44. 인터넷

● 인터넷이란?

세계 여러 곳에 흩어져 있는 기업, 대학, 연구소, 컴퓨터 통신 네트워크 등을 연결하는 거대한 컴퓨터 네트워크를 말한다.

● 인터넷의 역사

인터넷은 1969년 미국 국방성의 4개의 큰 조직을 묶기 위한 네트워크로부터 출발하였다. 그 후 인터넷 서비스 회사가 설립되어, '상용 네트워크'가 보급되었으며, e-mail, 컴퓨터 통신 등의 서비스를 받을 수 있게 되어 이용자가 급증하였다.

● 인터넷 접속

사용자(개인)의 컴퓨터는 전화회선을 사용하여 프로바이더(provider 인터넷의 접속 서비스 제공 회사)에 연결되고, 여기서부터 루터를 통해 인터넷에 접속하는 방법이 일반적이다. 이것은 다이얼업(dial up)이라고 불리며, 필요한 경우에만 서비스를 받는다. 이에 비해 기업이나 교육기관 등의 LAN은 전용선으로 언제나 연결되어 있는데, 이것을 전용선 접속이라고 한다.

● 인터넷의 용도

① 전자 메일 : 세계 각국의 사람들과 메일 교환이 가능하다.
② 정보의 송수신 : 인터넷에는 다양한 정보를 기억하는 컴퓨터(서버)가 접속되어 있다. 이러한 정보는 컴퓨터를 인터넷에 접속하면 쉽게 수신할 수 있다. 또한, 그 서비스를 자신의 컴퓨터에 갖추면 세계를 향하여 정보를 발신할 수 있다.
③ 기타 : 화상 회의나 원거리 제어 등 용도가 다양하다.

그림 3-28   세계를 연결하는 인터넷

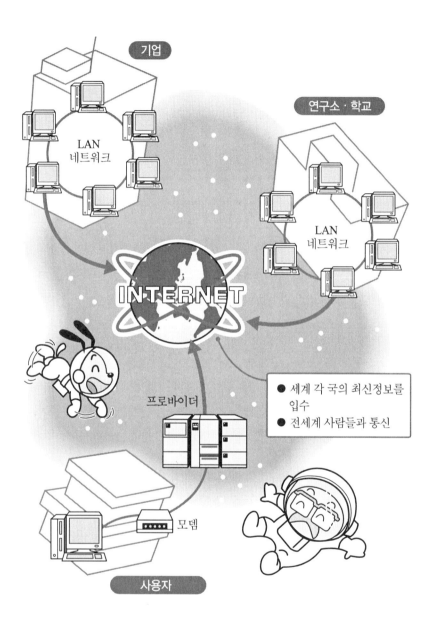

그림 3-29 인터넷 접속의 원리

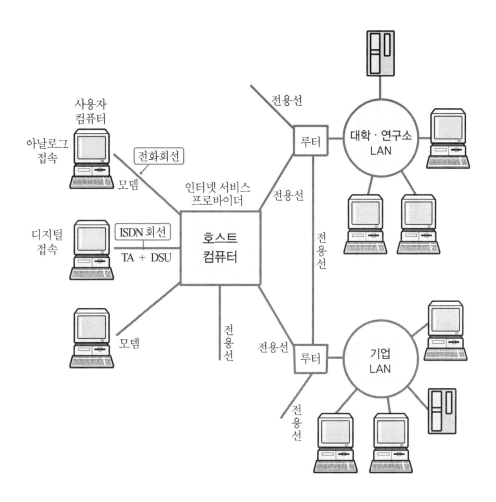

루터	네트워크와 네트워크를 중계하는 장치
ISDN	음성을 포함한 통신 데이터를 모두 디지털로 전송하는 전화 회선
모뎀	컴퓨터의 디지털 신호를 전화 회선에 흘려보내기 위해 음성 신호로 변환하거나 그 역을 하는 장치
TA	터미널 아답터라고 부르며, ISDN에 접속하기 위한 장치
DSU	회선접속장치

45. LAN과 WAN

● **LAN, WAN이란?**

LAN은 Local Area Network의 약칭으로 회사, 공장 학교 등 제한된 범위 내에서 만들어진 컴퓨터 네트워크를 말한다. 이에 비해 WAN은 Wide Area Network의 앞 글자를 딴 것으로, 회사의 본사나 각 지사 등 넓은 범위에 존재하는 컴퓨터나 LAN 을 일반 전화선이나 전용 회선 등을 이용하여 접속한 광역 네트워크이다. 인터넷 등 도 WAN의 일종으로 볼 수 있다.

● **LAN의 특징**

① 구내 네트워크를 위해 통신회선, 접속방법을 자유롭게 선택하여, 손쉽게 네트워 크를 구축할 수 있다. 그러나 WAN에서는 통신 회선업자가 제공하는 통신회선을 사용하여 접속하게 된다.

② 좁은 범위에서 컴퓨터끼리 접속하기 때문에 통신회선으로서 상당히 고속 회선을 확보할 수 있다.

③ 프린터, 하드 디스크 등 하드웨어나 정보를 공유하거나 기능이나 작업량의 분산 등이 용이하다(그림 3-30).

● **LAN 시스템 사례**

주로 다음과 같은 3가지가 있다(그림 3-31)

① 버스형 : 버스라 불리는 하나의 통신 케이블에 서버와 클라이언트를 접속하는 방식이다. 경비가 싸지만 정보량이 많은 경우에는 정보의 경합이 생긴다.

② 링형 : 서버와 클라이언트를 링 모형으로 접속하는 방식이다. 전송된 정보는 한 방향으로 전송되며, 한 바퀴 순환한 다음 송신원에서 제거된다. 한 군데의 장해가 시스템 전체에 영향을 주기 때문에 링을 이중으로 하여 신뢰도를 높이고 있다.

③ 스타형 : 서버를 중심에 놓고, 클라이언트를 방사형으로 접속하는 방식이다. 송 신 정보는 모두 서버에서 먼저 체크한 뒤 클라이언트에 송신된다. 대규모로 정보 량이 많은 경우에 적합하다.

그림 3-30 구내 LAN

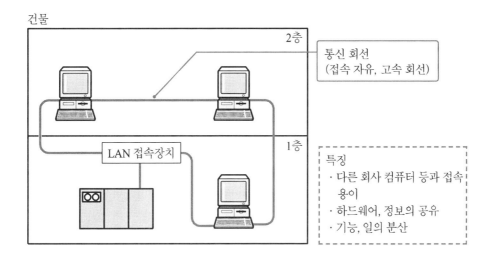

그림 3-31 LAN 시스템 사례

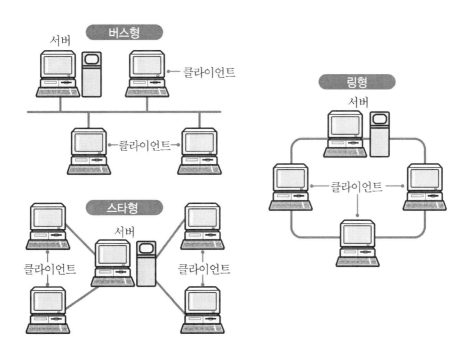

46. 멀티미디어

● **멀티미디어란?**

다양한 정보를 표현하는 수단, 예를 들어 문자, 기호, 음성, 화상 등을 미디어라고 한다. 그리고 각 미디어의 특징을 살려 그것을 서로 연결시킨 것을 멀티미디어라고 한다. 멀티미디어가 취급하는 정보(쌍방향성 정보전달)는 모두 디지털 데이터라는 것이 특징이다. 멀티미디어는 컴퓨터와 가전제품, 통신, 방송 등의 기술을 융합시켜 다양한 기능을 갖춘 새로운 미디어라고 할 수 있다.

● **멀티미디어 통신이란?**

여러 개의 미디어를 조합시킨 통신 형태를 멀티미디어 통신이라고 한다. 여러 개의 미디어를 활용하면 정보를 보다 정확하게 전달할 수 있다. 현재는 음성, 데이터, 영상이 구별 없이 취급되는 멀티미디어 통신 환경이 현실이 구성되어 있다.

● **멀티미디어 통신의 이용 사례**

다음과 같은 사례를 들 수 있다.

① 화상 회의 : 기업 본사와 멀리 떨어진 지방의 지사나 공장 등에서 얼굴을 보면서 회의를 할 수 있도록 한 것이 화상 회의이다. 대표적인 유형은 고속 디지털 전용선으로 여러 지점에 있는 화상 회의실의 카메라와 모니터를 접속한 구성이다. 이 밖에 컴퓨터를 화상 회의의 단말기로 하고, 이것을 ISDN 회선에 접속하는 방법과 전용 소프트웨어를 활용한 인터넷에 의한 활용도 있다.

② VOD(Video On Demand) : 보고 싶은 영화나 드라마 등의 영상을 아무 때나 볼 수 있는 서비스이다. 대량의 영상(디지털화)을 영상 정보 센터가 있는 비디오 서버에 디지털 압축하여 축적해 놓고, 이용자의 요구에 따라 서버로부터 정보를 뽑아 통신회선으로 이용자에게 보내는 원리이다(그림 3-32).

그림 3-32 VOD 서비스의 구성 예

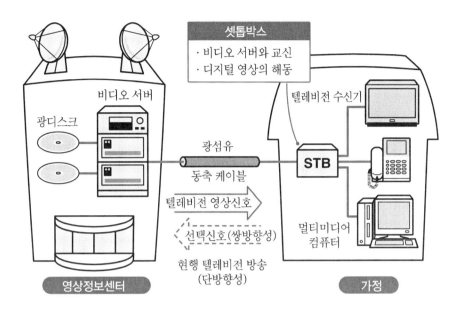

그림 3-33 멀티미디어 통신의 이용 사례

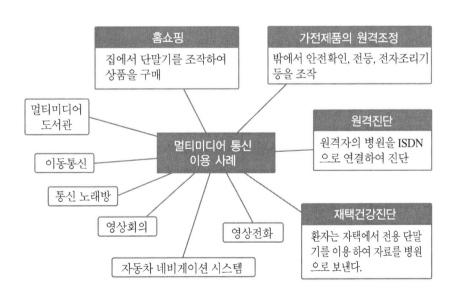

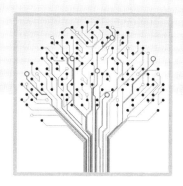

4장 전기 안전

47. 감전

● **감전이란?**

감각기관을 가진 인간이나 동물 등의 신체에 전류가 흘러 장해를 일으키는 것을 감전이라고 한다. 인체의 약 70%가 수분이기 때문에 통전 중인 가전제품이나 콘센트 등의 노출 금속부분에 맨손이나 맨발 등 신체의 일부가 접촉하면 신체의 표면, 또는 체내에 전류가 흘러 감전된다(그림 4-1).

● **정전기에 의한 감전**

겨울철 건조한 날 카펫이 있는 건물 안에서 생활하다보면 문의 손잡이나 베란다 등의 금속 물체를 만졌을 때 순간 '찌릿'할 때가 있다. 이것은 마찰에 의한 정전기가 원인이며, 불쾌하기는 하지만 사망으로 이어지는 경우는 거의 없으므로 감전이라고 말하지 않는다. 큰 용량의 전원으로부터 계속적으로 공급되는 전력(전기 에너지)을 대상으로 한 것을 감전이라고 한다.

● **인체의 저항 표현**

인체는 전기적으로 도체이며, 피부, 혈액, 근육, 관절 등의 인체의 각 부분은 전류에 대해 인피던스(저항과 정전용량 등으로 이루어지는 옴의 양)를 가지고 있다. 미국의 달지엘(Dalziel)은 인체의 인피던스를 그림 4-2와 같이 제시하고 있다.

● **감전의 위험정도는 전류에 따라 결정된다.**

감전의 위험 정도는 전압이 아니라 전류의 크기에 의해 결정된다. 이것을 표 4-1에 나타냈다. 젖은 연실이 77,000V의 고압 전선에 걸린 경우 연실에 흐르는 전류는 수 mA라고 한다. 옛날 미국의 프랭클린에 의해 낙뢰의 전기를 담는 실험은 목숨을 건 실험이었으며 후에 피뢰침의 발명으로 이어졌으나, 이 실험을 흉내 내다 감전사한 사람도 있었다고 한다. 독자 여러분, 이런 실험은 절대로 따라하지 맙시다.

그림 4-1 감전 사례

그림 4-2 인체의 임퍼던스 표현

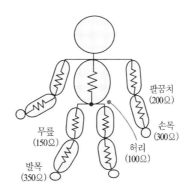

표 4-1 감전 전류의 크기와 인체에 미치는 영향

교류전류(mA)	인체에 미치는 영향
0~0.5	연속해서 흘러도 위험하지 않다
0.5~5	연속해서 흘러도 위험하지는 않지만, 손가락 등에 통증을 느낀다.
5~30	몇 분이 한계이며, 경련을 일으키고, 호흡 곤란이 된다.
30~50	강한 경련을 일으키고, 심장의 박동이 불규칙하게 되어 사망할 수도 있다.
50~100	강렬한 쇼크에 의해 실신하거나 사망의 가능성이 크다.
수백 이상	치명적인 장해(화상 등)가 일어나 사망하게 된다.

48. 누전과 접지

● **누전이란?**

전기제품은 오래 사용하면 흐르는 전류에 의해 생기는 열의 영향을 받아 기기나 배선의 절연 품질이 떨어지거나 물이 닿은 경우에 절연물이 제 역할을 못해 절연 효과가 없어지는 경우가 있다. 이렇게 되면 피복이 절연 불량이 되어 배선으로부터 케이스나 충전부에 묻은 물기를 통해 케이스 등 전기의 통로가 아닌 곳에 전류가 흐르게 된다. 이와 같이 전기가 새는 것을 누전이라고 한다.

● **누전에 의한 감전**

누전되고 있는 전기제품에 접촉하는 경우 감전은 피할 수 없다. 특히 욕실이나 부엌 등 물기가 있는 장소에서 세탁기나 냉장고와 같은 전기제품을 사용하는 경우 누전된 전기가 손이나 발과 같은 신체의 일부, 또는 체내에 흘러 감전 사고를 일으킬 수 있다(그림 4-3).

● **접지의 필요성**

세탁기 등과 같이 물을 사용하는 전기 제품에는 반드시 접지를 해야 한다. 접지는 어스(earth)라고도 하는데 대지가 도체이기 때문에 물체에 고인 전기를 대지로 흐르게 하는 것을 의미한다. 대전된 물체를 절연 상태로 놓아두는 것은 위험하므로 접지를 시킴으로써 의도적으로 누전된 전기가 인체를 통하지 않고 대지로 흐르게 하여 감전을 피한다(그림 4-4).

● **접지 실험**

일반적으로 가정의 접지는 동 봉을 땅에 묻고, 전기제품의 접지 단자와 전선으로 잇는다. 이상적으로 접지는 접지선이 충분히 두껍고(심선 $0.75\,\mathrm{mm}^2$의 전선으로 피복의 색은 녹색인 것), 접지봉이 크고, 지중에 충분히 깊게 묻혀 있어야 한다.

그림 4-3 누전에 의한 감전의 원리

그림 4-4 접지를 통한 감전 방지책

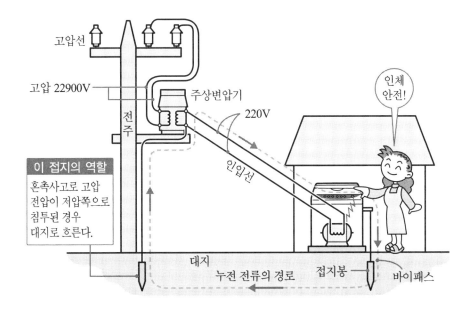

49. 낙뢰와 대비책

● 뇌운의 정체

뇌운은 거대한 전기를 가지고 있다. 이 전기는 급격한 상승 기류 속에서 빗방울이나 작은 얼음 조각이 상승·하강을 반복할 때, 이것들이 여러 번 접촉과 분열하는 과정에서 대량의 전하가 축적되어 생기는 것으로 여겨지고 있다(그림 4-5).

● 낙뢰란?

뇌운에 축적된 대량의 전하가 갖는 전기에너지가 공기 절연을 파괴하고, 격한 소리나 빛을 동반하여 대지에 방전하는 현상을 말한다(그림 4-6). 낙뢰의 전력은 뇌 전류가 100kA, 뇌운 전압이 1억V정도라고 여겨짐으로 100kV×1억V=100억kW로 매우 크다. 그런데 뇌의 에너지 지속 시간은 매우 짧아, 그 평균 전력량은 300kWh정도로 의외로 작다. 한 번의 낙뢰의 에너지는 수십 가구가 하루 사용할 수 있는 전기량과 비슷하다.

● 일반 가정에서 낙뢰에 대한 대비책

최근 가전제품은 마이크로 프로세서, IC 등의 반도체가 고밀도로 집적되어 있어, 소형화, 고성능화가 이루어져 있으며, 약한 전압으로 동작한다. 만약 이런 제품에 약간의 과전압이 걸리면 절연파괴가 생겨 고장날 수 있다. 뇌의 서지(충격파)의 침입 경로는 저압 배전선, 전화선, TV 안테나나 피뢰침 등으로부터 침투하는 경우를 생각할 수 있다. 가전제품의 낙뢰에 대한 대비책으로는 적절한 가전용 피뢰기를 설치하는 것이다(그림 4-7).

● 산이나 들에서 뇌를 만났을 경우

주위에 낙뢰를 피할 수 있는 건물이 보이지 않을 경우 가까운 곳의 나무를 피뢰침으로 대신하는데, 나무가 약 5m 이하인 경우는 보호 받기 어렵다. 이때는 나무로부터 조금 떨어져 지면에 엎드린 자세로 피하는 것이 좋다(그림 4-8).

● 자동차 속은 안전

차에 뇌가 떨어져도 뇌 전류는 차체를 통해 대지로 흐르기 때문에 차 내는 안전하다.

그림 4-5 뇌운의 구조

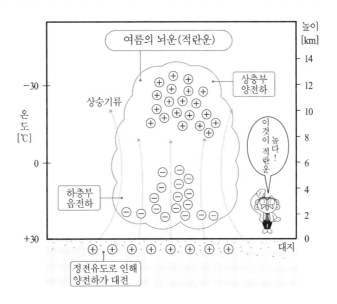

그림 4-6 낙뢰

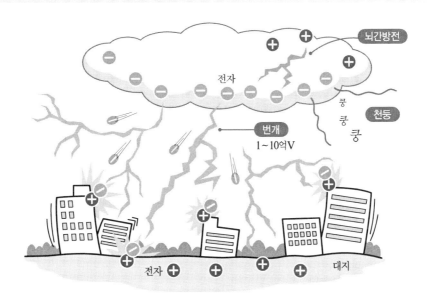

그림 4-7 가전제품의 낙뢰 대책

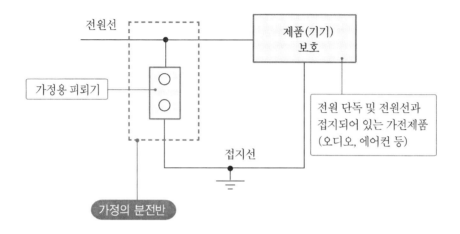

그림 4-8 낙뢰 대비책

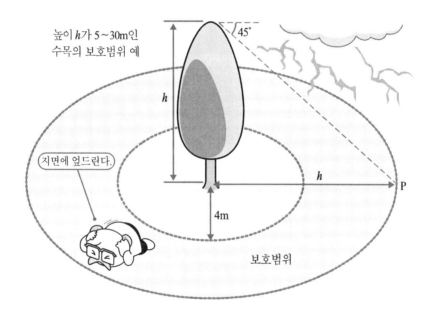

50. 정전시 점검 사항

● **한 개의 전등이나 기구가 동작하지 않을 경우**

우선 전구나 형광등이 헐겁지 않은지, 끊어지지 않았는지 확인한다. 또한, 기구의 전선이 끊어지지 않았는지 확인한다.

● **한 군데만 전기가 끊겼을 경우**

사용 중인 기구의 고장으로 쇼트(단락)되었거나 그 방에서 전기를 지나치게 많이 사용하여 배선용 차단기(NB)가 차단된 경우로 판단되며, 해당 기구를 콘센트에서 빼고, 배선용 차단기의 스위치를 올린다.

● **집 안 전체의 전기가 끊겼을 경우**

· 점검 1 : 전류를 과하게 사용하는 경우 전류 차단기(SB)가 끊기는 경우가 있다. 사용하고 있는 전기 기구를 줄이고, 전류 차단기의 스위치를 올린다.

· 점검 2 : 누전이나 전기를 과하게 사용함으로써 누전 차단기(ELB)가 끊기는 경우가 있다. 이 경우에는 A→B의 순서로 조작한다(그림 4-10).

A : NB를 전부 차단하고, SB와 ELB의 스위치를 ON시킨다.
B : NB의 스위치를 하나씩 ON시키며, 다시 ELB가 차단되면, 그 NB의 스위치를 끊고, 다른 NB 스위치를 하나씩 ON시킨다.

B의 조작에서 다시 전기가 끊어진 경우 그 회로에서 누전이나 전류를 과하게 사용했거나 기구가 고장난 경우이다. 그 회로를 끊고 다른 회로만을 사용한다. 어느 차단기도 차단되지 않았다면 EBL의 시험 단추(빨간 색)를 눌러 정상 동작이 되는지 확인한 다음 다시 스위치를 ON시켜 사용한다(시험 단추를 눌렀을 때 EBL이 차단되면 정상이다).

● **다른 집들도 전기가 들어오지 않는 경우**

태풍이나 낙뢰, 사고 등에 의해 전력회사의 배전설비에 고장이 생겨 정전된 경우이다.

그림 4-9   전류 차단기는 과잉 사용을 체크한다.

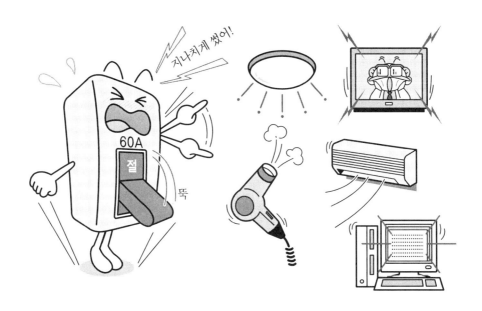

그림 4-10   분전반 사용 예

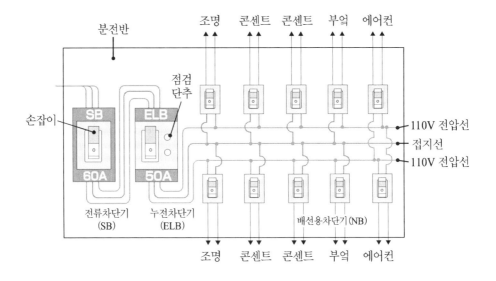

51. 회로의 고장과 점검법

우리의 생활 속에서 전기는 우리에게 많은 편리함을 주지만, 언제나 좋기만 한 것은 아니다. 전기는 눈에 보이지 않으며, 온도, 습도, 사용방법에 따라 이상 작용을 하는 경우가 있기 때문이다. 여기서는 회로의 점검에 사용되는 도구를 소개하고, 회로 부분의 점검, 회로의 전압분포, 절연상태 등의 점검법을 알아보자.

(1) 테스터기

테스터기는 회로시험기라고도 하며, 아날로그식은 직류 전압, 직류 전류, 교류 전압, 저항, 저주파 전압출력(데시벨) 등을 측정할 수 있는 다기능 계측기이다. 또한, 디지털식은 정전용량이나 인덕턴스 등도 측정할 수 있다. 이와 같은 테스터기는 사용 범위가 넓고, 전기기기 등의 회로 점검, 수리에 없어서는 안되는 기기이다.

(사용 사례)

① 그림 4-11은 저항기의 단선을 점검하는 예이다.

② 그림 4-12는 콘덴서의 불량 상태를 점검하는 방법이다. 지침이 0을 계속 가리키고 있으면 콘덴서는 쇼트된 것이며, 지침이 움직이지 않으면 절연물이 이상한 경우로 볼 수 있다.

③ 그림 4-13은 다이오드의 불량 상태를 점검하는 방법이다. 순방향, 역방향의 저항 값으로부터 판정한다. (a)의 순방향으로 전압을 가한 경우 0을 가리키며, (b)의 역방향으로 전압을 가한 경우 ∞를 가리키면 다이오드 상태는 양호하다.

④ 그림 4-14는 트랜지스터와 사이리스터의 내부 구조도이다. 다이오드의 경우와 마찬가지로 전압을 순방향, 역방향으로 가했을 때 지침의 움직임을 점검한다.

(2) 클램프 미터(clamp meter)

회로를 끊지 않고 전선을 감싸는 것만으로 전류를 측정할 수 있는 기기이다. 그림 4-15는 사용 예를 나타낸 것이다.

(3) 점검 드라이버

네온가스가 들어간 유리관 속의 전극 사이에 전압이 걸리면 음극이 독특한 색을 낸다. 점검 드라이버는 전압의 유무를 조사할 때 편리한 도구이다(그림 4-16).

(4) 절연저항계

절연저항을 측정하는 계측기로, 배선이나 전기기기의 절연 상태를 점검하는 경우 사용한다. 절연 상태는 전선간의 절연저항과 전선과 대지 사이의 절연저항으로 판정한다(그림 4-17).

그림 4-11 아날로그식 테스터기를 이용한 부품 점검

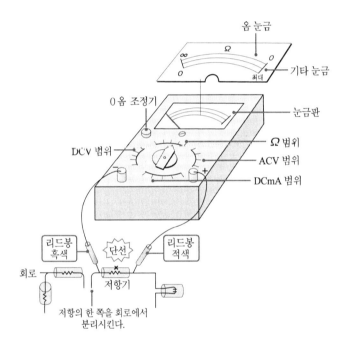

그림 4-12 콘덴서의 점검

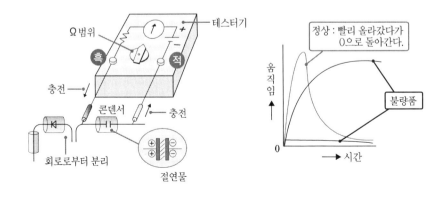

그림 4-13 다이오드 점검

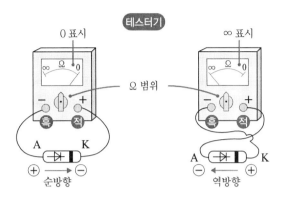

그림 4-14 트랜지스터, 사이리스터의 내부 구조

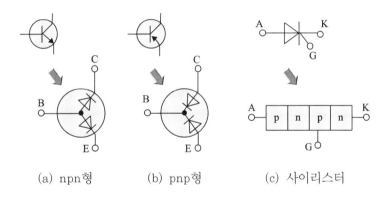

(a) npn형   (b) pnp형   (c) 사이리스터

그림 4-15 클램프미터에 의한 전류 점검

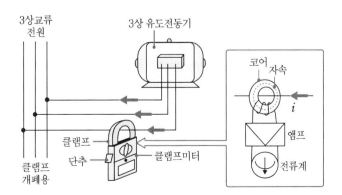

그림 4-16 점검 드라이버를 이용한 전압 유무 점검

그림 4-17 절연 저항계를 이용한 절연 상태 점검

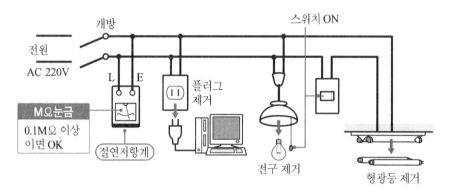

(a) 전선간 절연 점검

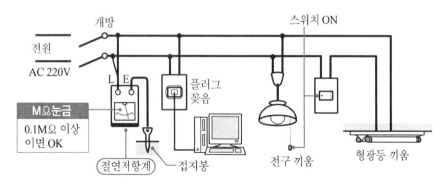

(b) 전선과 대지 사이의 절연 점검

52. 정전기 관리법

● **정전기의 이용**

정전기는 의외로 많은 분야에서 이용되고 있다. 주요 사용 예로는

① 빌딩의 사무실에 있는 복사기

② 컴퓨터의 프린터

③ 자동차나 가전제품 등의 도장에 사용되는 정전도장

④ 짧은 섬유를 종이나 천에 심는 정전식모(植毛)

⑤ 화력 발전소의 배기가스의 집진에 사용되는 전기 집진장치 등을 들 수 있다.

● **정전기의 장난**

사람이 움직이면 바닥이나 착용하고 있는 옷이나 구두 등과의 마찰에 의해 인체에 전기가 축적된다. 인체와 대지 사이의 전압은 겨울철의 건조기에는 1만V를 넘는 경우가 있어, 그 상태로 건물의 금속제 손잡이 등을 잡으면 바로 방전되어 전기 충격을 받게 된다.

● **정전기 대책**

이 세상에서 정전기를 완전히 사라지게 하기는 어렵기 때문에 기본적으로는 발생한 전기를 빨리 대지로 흘려보내거나 대전된 전기를 극성이 반대인 전하로 중화시키는 방법을 이용한다.

① 대전체가 도체인 경우 도체를 1.25mm^2 이상의 600V 비닐 절연전선(IV선)으로 접지하여 전기를 대지로 흐르게 한다.

② 대전체가 부도체인 경우 부도체 표면을 가습하거나 금속 가루, 계면(界面) 활성 제를 발라 부도체 표면의 도전성을 향상시켜 대전 방지를 할 수 있다.

③ 제전기(除電器)를 사용하여 정전기를 중화한다. 제전기는 많은 종류가 있으나, 그 가운데 자기 방전식은 대전물체 자신으로부터 나오는 전계에 의해 코로나 방 전을 발생시켜 제전하는 것이다.

정전기는 많은 분야에서 잘 활용되고 있으나, 정전기로 인한 재해가 의외로 알려져
있지 않다. 예를 들어 정전기 방전에 의한 전자 노이즈가 전자기기에 오동작을 유인
하거나 전자부품의 절연파괴, 가연성 물질의 착화, 폭발 등을 들 수 있다.

그림 4-18   정전기의 이용 사례

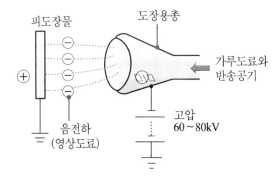

(a) 정전도료

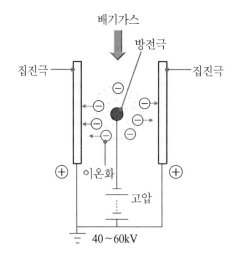

(b) 전기집진

그림 4-19 정전기의 장난

전자기기 기판

찌릿!

대전

IC

정전기로 인한 IC 파괴

의류에 축적된 전기

찌릿!

정전기로 오동작

그림 4-20 정전기 대책

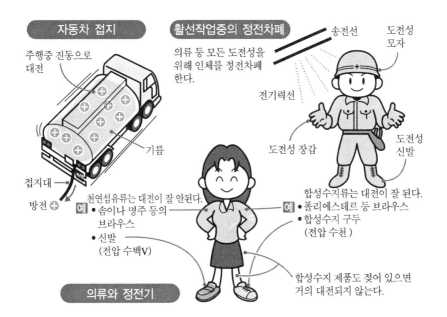

자동차 접지

활선작업중의 정전차폐

송전선

도전성 모자

주행중 진동으로 대전

의류 등 모든 도전성을 위해 인체를 정전차폐 한다.

전기력선

도전성 장갑

도전성 신발

기름

접지대

방전 ⊕

천연섬유류는 대전이 잘 안된다.
예 •솜이나 명주 등의
　　브라우스
•신발
　(전압 수백V)

합성수지류는 대전이 잘 된다.
예 •폴리에스테르 등 브라우스
•합성수지 구두
　(전압 수천)

합성수지 제품도 젖어 있으면 거의 대전되지 않는다.

의류와 정전기

53. 왜형파 · 노이즈의 발생과 소거법

● **반도체 기기와 왜형파**

최근 에너지 절약을 위한 가전기기에도 사이리스터 등의 반도체를 이용한 인버터 기술이 많이 도입되어 있다. 그런데 이러한 기기에는 왜형파 전류(정현파 이외의 전류)가 흘러, 여기에 포함된 고조파 전류에 의해 배전선의 전압이 일그러져, 이 계통에 접속된 기기나 장치에 나쁜 영향을 주게 된다.

● **고조파란?**

정현파가 아닌 교류를 왜형파라고 하며, 주파수가 다른 정현파의 합으로 나타낸다. 이것은 기본파와 그 정수배의 주파수를 갖는 고조파로 나눌 수 있다. 고조파는 사이리스터 등의 반도체로 만들어진 기기나 정류기 등에서 발생한다.

● **고조파에 의한 장해**

고조파에 의한 장해는 다음의 3가지로 분류할 수 있다(그림 4-22).
① 고조파에 의한 전류의 실효값이나 과전류의 증가에 의해 기기가 과열된다.
② 전자유도에 의한 유도 노이즈가 생겨 전자기기에 오동작이나 잡음을 일으킨다.
③ 사이리스터나 트라이액 등의 위상 제어에 오동작이나 불안정을 유발한다.

● **고조파를 줄이는 방법**

그림 4-23과 같이 LC 필터에 의해 고조파에 대한 낮은 인피던스의 선로를 만들어 고조파 전류를 흡수시킨다. 이로 인해 고조파 전류의 배전선으로의 유출을 막을 수 있다.

● **텔레비전의 노이즈 대책**

텔레비전의 화면에서 볼 수 있는 노이즈는 자동차의 엔진 점화 플러그, 전동공구의 전동기 등의 불꽃 방전이 원인이다. 또한, 가전기기에서 사용되고 있는 사이리스터(전자 스위치)의 개폐도 노이즈의 발생원이다. 이에 대한 대책은 텔레비전이나 안테

나를 노이즈원으로부터 멀게 하는 것이다. 노이즈원이 가전기기인 경우 콘덴서를
병렬로 연결하는 것도 하나의 방법이다.

그림 4-21 왜형파와 각 주파수

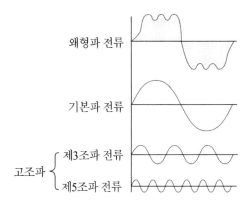

그림 4-22 고조파의 발생원과 장해 대상물

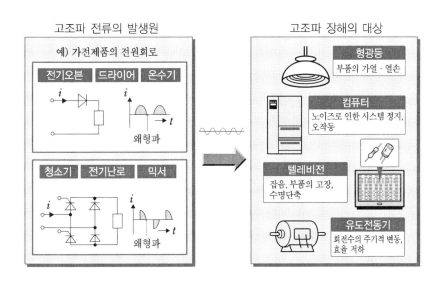

그림 4-23 LC 필터에 의한 고조파 감소 대책

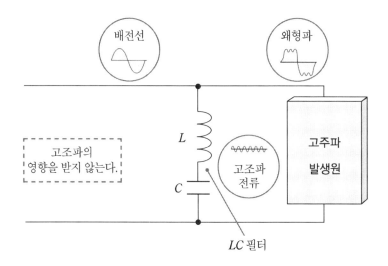

그림 4-24 텔레비전 노이즈

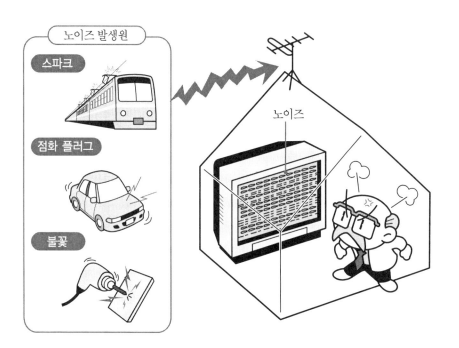

5장 기초 전기 지식

54. 정전기

● 정전기란?

모든 물질은 다수의 원자로 구성되어 있으며, 각각의 원자는 중심에 있는 원자핵(양의 전기량을 갖는 양자와 전기량을 가지지 않는 중성자로 구성되어 있다)과 그 주위를 도는 전자로 구성되어 있다. 전자는 음의 전기량을 가지며, 핵 안의 양자가 갖는 전기량과 같다(그림 5-1).

따라서 일반 상태에서 물질은 양과 음의 전하가 서로 상쇄되어 전기적 성질을 가지지 않는다. 또한, 여기서 말하는 전기량을 전하라 하며, 단위는 쿨롱(C)을 사용한다.

유리봉과 명주 천을 마찰시키면 유리봉으로부터 명주 천으로 전자(음전하)가 이동하여, 유리봉은 전자가 부족해져 양으로 대전된다. 한편, 명주 천은 반대로 전자가 과잉 상태가 되어 음으로 대전된다. 마찰하는 것은 전자를 이동시키는 에너지를 만드는 격이다. 이와 같이 유리봉이나 명주 천에 나타나는 전기를 정전기라고 한다(그림 5-2). 한편, 마찰시키는 물질에 따라 양으로 대전되는지, 음으로 대전되는지가 결정된다(그림 5-3).

● 정전력과 전계

대전체와 대전체 사이에는 힘이 작용한다. 이 힘을 정전력이라고 하며, 다른 전하 사이에는 흡인력, 같은 전하 사이에는 반발력이 작용한다. 또한, 대전체를 놓았을 때 그 대전체에 힘이 작용하는 장소를 전계, 또는 전장이라고 한다(그림 5-4).

● 다양한 정전기 발생 사례

겨울철이 되면 공기가 건조해져서 신체에 대전된 전하가 빠져나가기 어렵게 된다. 이와 같은 상태에서 금속 손잡이를 잡게 되면 순간 전기가 흘러 짜릿하게 된다. 또한, 겨울철에 화학 섬유의 셔츠나 털 스웨터를 벗으면, 팍하는 소리가 나면서 정전기가 방전하는 것을 볼 수 있다(그림 5-5).

그림 5-1 원자 모형

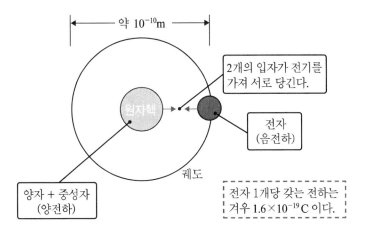

그림 5-2 마찰전기가 발생하는 원리

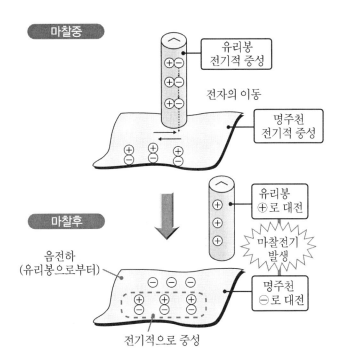

그림 5-3 대전서열

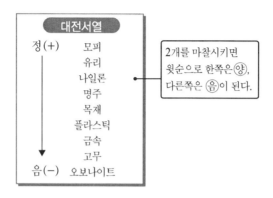

그림 5-4 정전력과 전계

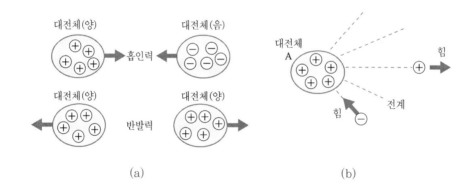

그림 5-5 정전기와 전기 불꽃

55. 정전유도와 정전차폐

● 정전유도란?

대전하고 있지 않은 도체 A(그림 5-6 (a))에 대전체 B를 갖다 대면 대전체에 가까운 쪽에 대전체의 전하와 다른 전하가, 먼 쪽에는 같은 종류의 전하가 발생한다(그림 5-6 (b)). 이와 같은 현상을 정전유도라고 한다. 이것은 도체 A속의 자유전자가 대전체 B의 정전하에 흡인되어 우측으로 모이기 때문에 이 부분은 음으로 대전되고, 왼쪽은 전자가 부족하여 양으로 대전되기 때문이다. 여기에 도체 A의 왼쪽을 접지시키면 양 전하는 대전체 B에 구속되지 않고 대지와 중화되어 소멸된다(그림 5-6 (c)). 다음에 접지 도체를 제거하고 대전체를 멀리하면 음의 구속 전하는 도체 A의 표면에 일정하게 분포된다(그림 5-6 (d)).

● 정전유도의 예

대규모인 것은 뇌운에 의한 정전유도이다. 뇌운에 대전된 거대한 음전하에 의한 정전유도를 받아 지상의 물체가 양으로 대전하면, 뇌운과 지상 물체 사이의 극대 전압 (수 억 V라고 한다)에 의해 공기의 절연이 파괴되어 양과 음 전하가 방전하는 형태로 중화된다. 이것이 낙뢰이다(그림 5-7).

● 정전차폐란?

도체가 대전체로부터 생기는 전계의 영향을 받지 않도록 하는 것을 정전차폐라고 한다. 그림 5-8 (a)는 도체 A를 접지한 도체 B로 감싸고, 대전체 C에 의한 전계의 영향을 받지 않도록 한 예이다. 또한 그림 5-8 (b)는 반대로 대전체 C를 접지시킨 도체 B로 감싸, 그 외부에 놓인 도체 A에 영향을 주지 않도록 한 예이다.

● 정전차폐의 응용 사례

그림 5-9 (a)는 통신에 사용되는 차폐선을 나타낸 것이다. 그림 5-9 (b)는 송전선으로부터의 정전유도에 의해 전선 밑의 통행인의 머리카락 등이 달라붙지 않도록 하기 위한 보호 금망과 뇌운으로부터 송전선에 정전유도가 일어나지 않도록 가공지선을 설치한 사례이다.

그림 5-6 정전유도

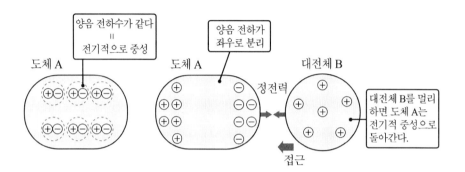

(a) 전기적 중성   (b) 정전유도 원리

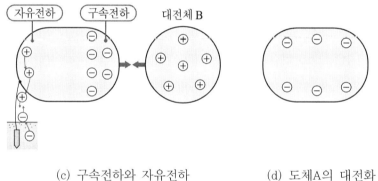

(c) 구속전하와 자유전하   (d) 도체A의 대전화

그림 5-7 뇌운에 의한 정전유도

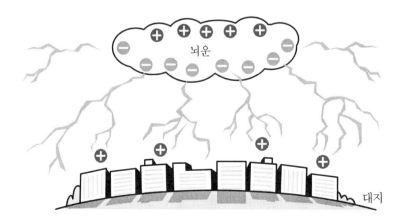

그림 5-8 정전차폐

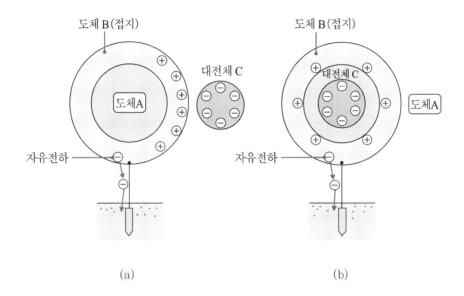

(a) (b)

그림 5-9 정전차폐의 응용 사례

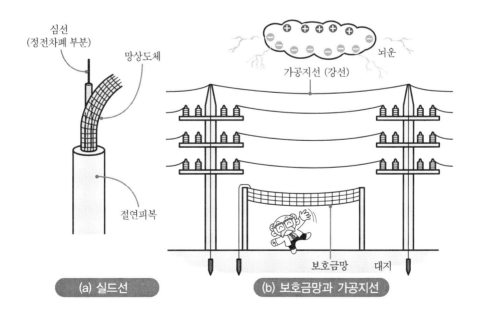

(a) 실드선 (b) 보호금망과 가공지선

56. 동전기와 전류

● 금속과 자유전자

동, 알루미늄, 철 등의 금속의 경우 각 원자의 원자핵을 둘러싸고 있는 전자 가운데 가장 외각의 궤도를 도는 전자는 핵으로부터의 구속력이 약해, 외부로부터의 약간의 힘(전압이 가해지거나 자장이 놓였을 때)으로 궤도를 이탈하여 원자 사이를 자유자재로 운동한다. 이와 같은 전자를 자유전자라고 한다. 금속은 결정구조로 되어 있어 원자끼리 결합하여 원자핵으로부터 이탈한 자유전자가 다수 포함되어 있다. 전기의 다양한 현상은 이 자유전자의 움직임에 의한 것이다.

● 자유전자와 전류

양의 전하를 갖는 물질 A와 음의 전하를 갖는 물질 B를 도선으로 연결하면, 도선 중의 자유전자는 양의 전하로 이동하고, 그 부족분은 음의 전하를 갖는 물질 B로부터 보급된다(그림 5-10). 자유전자를 연속하여 이동시키기 위해서는 전지 등의 전자 공급기가 사용된다(그림 5-11). 이와 같이 하면 자유전자는 양극(+)으로 끌려가고, 전지의 음극(−)으로부터 전자가 공급되어, 연속적인 전자의 흐름이 생기게 된다. 이 전자의 흐름을 전류라고 한다. 전류의 방향은 전자의 흐름 방향과 반대로 되어 있는데, 이것은 전자가 발견되기 전에 양 전하의 흐름 방향을 전류의 방향으로 정했기 때문이다. 전류의 단위를 암페어(A)로 나타내며, 1A는 1초 당 1C의 전하를 이동시켰을 때의 값이므로, $1/1.6 \times 10^{-19}$의 계산으로부터 1A는 약 6×10^{18}개의 전자에 상당한다.

● 동전기의 의미

정지된 전하를 취급하는 정전기에 비해 전류와 같이 전하가 이동하는 전기를 동전기라고 한다. 동전기는 전류에 의한 일을 이용하여 전기 에너지를 광 에너지로 변환하여 전등을 점등하거나, 동력으로 변환하여 전동기를 움직이게 한다. 일상생활에서 없어서는 안되는 것이 동전기라고 말할 수 있다.

그림 5-10 강선 속 자유전자의 움직임

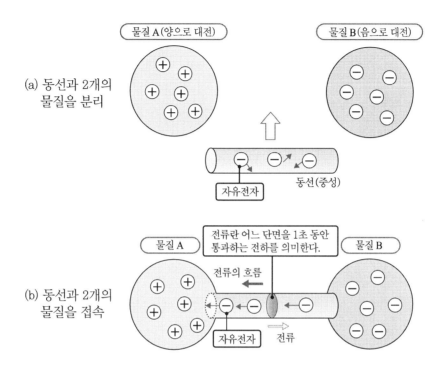

(a) 동선과 2개의
   물질을 분리

물질 A(양으로 대전)   물질 B(음으로 대전)

자유전자   동선(중성)

(b) 동선과 2개의
   물질을 접속

전류란 어느 단면을 1초 동안
통과하는 전하를 의미한다.

물질 A   물질 B

전류의 흐름

자유전자   전류

그림 5-11 전지에 의한 전류의 흐름(계속)

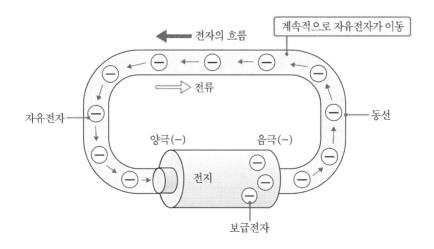

전자의 흐름   계속적으로 자유전자가 이동

전류

자유전자   동선

양극(-)   음극(-)

전지

보급전자

57. 도체와 절연체

● **도체와 절연체**

금속류는 자유전자가 많아 약간의 전압에 의해 다수의 전자가 이동하기 때문에 전류가 흐르기 쉬운 물질이다. 이러한 물질이 도체이며, 금속 외에 물, 습한 것, 인체, 대지 등이 있다.

반대로 비닐, 플라스틱, 고무, 유리와 같은 비금속류는 원자핵과 전자의 결합이 강해 자유전자가 생기기 어려운 구조로 되어 있다. 또한, 자유전자가 존재해도 원자 구조 사이를 자유롭게 움직일 수 없어 전류는 흐르기 어렵다. 이와 같은 물질을 절연체, 또는 부도체라고 한다.

● **지구는 도체, 공기는 보통 절연체**

지구는 다소 수분을 포함하고 있으며 전류가 흐른다. 따라서 지구는 도체로 취급하며, 대지라고 한다(그림 5-12). 한편, 공기는 매우 우수한 절연물로, 도체가 공기 중에 노출되어 있어도 절연성은 안전하게 유지된다(그림 5-13).

● **도전 재료**

이것은 전류를 흐르게 하기 위한 것이다. 단지 전류를 흐르게 하기 위한 목적으로 사용되는 전선이나 케이블 등은 저항률(단면적 $1m^2$, 길이 1m의 물질의 저항을 말한다)이 작을수록 좋으나(그림 5-14), 전열선이나 저항기에 사용되는 저항선은 적당한 저항률이 없으면 필요로 하는 발열량이나 저항값을 얻을 수 없게 된다.

● **절연 재료**

이것은 전류를 흐르지 못하게 하기 위한 것이지만 절연물의 표면에 물, 염분, 산 등이 묻으면 전자가 움직이게 되어 누전류가 흐르게 되어 절연물에 전압을 가하면 어느 전압에서 절연이 파괴된다(이 전압을 절연내력이라고 한다)(그림 5-15). 또한, 절연물의 온도가 올라가면 절연력이 떨어져 사용할 수 없게 된다. 이 때의 온도를 최고 허용온도라고 한다.

그림 5-12 대지를 도체로 본다   그림 5-13 참새는 공기절연 때문에 감전되지 않는다

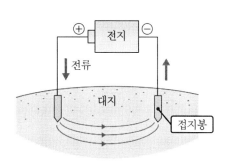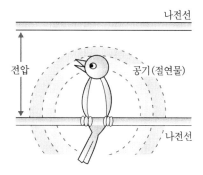

그림 5-14   비닐외장케이블(F케이블)   그림 5-15   절연물의 절연내력

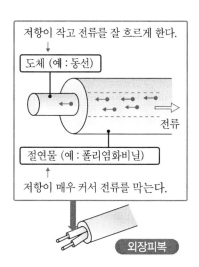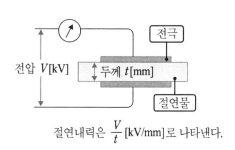

절연내력은 $\dfrac{V}{t}$ [kV/mm]로 나타낸다.

58. 전위 · 전압 · 기전력

● 수위와 전위

물은 중력에 의해 높은 곳에서 낮은 곳으로 흐른다. 수위(기준으로 하는 위치로부터의 물의 높이)가 높을수록 물이 갖는 위치 에너지는 높아지며, 물을 흘려보내려고하는 압력도 높아진다. 전기도 이와 같이 생각할 수 있으며, 어느 기준에 대한 전기적인 위치 에너지가 전위이다. 전위의 단위는 볼트(V)를 사용한다(그림 5-16).

일반적으로 전위의 기준은 대지이며, 이것을 0V로 한다. 어느 전기 장치의 일부, 또는 단자를 0 전위로 하기 위해 두꺼운 절연 전선(피복색은 녹색)으로 대지에 연결하는 것을 접지라고 한다.

● 전위차와 전압

전지의 양극의 전위를 V_a, 음극의 전위를 V_b라고 하면 전위차 $V_a - V_b$의 전기적인 압력에 의해 회로에 전류를 흘릴 수 있다. 이러한 전위의 차를 전위차, 또는 전압이라고 하며, 기호는 V, 단위는 전위와 같은 V를 사용한다. 그림 5-17과 같이 전위차가 전지 A, 전지 B 모두 1.5V일 때 전지 A는 음극을 접지하고, 전지 B는 양극을 접지한 경우, 단자 a의 전위는 1.5V, 단자 b의 전위는 −1.5V가 되는 것을 알 수 있다.

● 기전력과 전원

위쪽에 있는 물탱크에서 아래쪽에 있는 물탱크로 물을 계속 흐르게 하기 위해서는 펌프가 지속적으로 물을 위로 끌어올려 주어야 한다. 이 펌프 역할을 하는 것이 전지이며, 전류를 흐르게 하기 위한 전압을 발생시키는 힘을 가지고 있다. 전지나 발전기 등을 전원이라고 하며, 여기서 발생하는 전압을 기전력이라고 한다. 기전력의 기호는 E, 단위는 전압과 같은 V를 사용한다. 그리고 전지와 같이 항상 일정한 방향과 크기의 전압을 유지하고 있는 전원을 직류 전원이라고 한다.

그림 5-16 수위와 전위, 수압과 전압 등의 관계

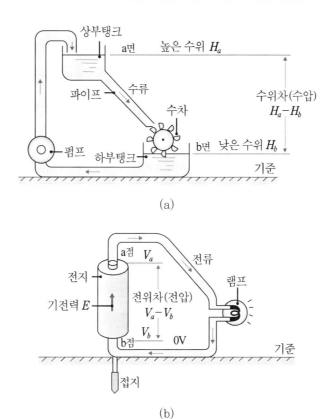

(a)

(b)

그림 5-17 +전위와 −전위

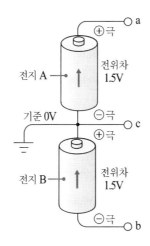

59. 저항과 옴의 역할

● **저항이란?**

금속 등의 물질에 흐르는 전류의 흐름을 어렵게 하는 정도를 저항이라고 한다. 금속에서는 원자 사이를 자유전자가 이동함으로써 전류가 흐르지만, 이 전자가 원자에 충돌했을 때 에너지가 열로 손실되고, 그 에너지만큼 이동 속도가 떨어진다. 이것이 저항이라는 것이다.

● **저항 · 전압 · 전류의 관계**

금속과 같은 도체에 전압을 가해 전류를 흘리면 일정한 규칙성이 있다는 것이 1827년 독일의 과학자 옴에 의해 발견되었다. "전류의 크기는 전압에 비례하며, 저항에 반비례한다"고 하는 것이 옴의 법칙이다. 저항의 기호는 R로 나타내고, 단위는 옴, 단위 기호는 Ω을 사용한다. 또한, 전류 I[A], 전압 V[V], 저항 R[Ω]과의 관계식은 다음과 같다.

$$I = V/R , \quad V = RI , \quad R = V/I$$

● **저항은 물질의 크기에 따라 다르다.**

저항 R[Ω]은 물질의 길이 l[m]에 비례하며, 단면적 A[m^2]에 반비례한다. 이것을 식으로 나타내면

$$R = \rho \cdot l/A$$

이다. 단, ρ를 저항률이라고 하며, 단위는 옴미터[$\Omega \cdot$ m]로 나타낸다. 이것은 길이 1[m], 단면적 1[m^2]의 물질의 저항에 해당하며, 물질의 재질에 따라 다르다. 또한 저항률의 크기는 그 물질이 도체인지 절연체인지를 결정하는 기준이 된다.

● **저항은 온도에 따라 다르다.**

금속류는 온도를 높이면 저항이 커지며, 반대로 탄소, 전해액, 반도체, 절연물은 저

항이 작아진다.

금속을 냉각시켜 절대온도(-273℃) 근처까지 온도를 낮추면 저항이 0이 된다. 이것을 초전도라고 하는데, 이 상태의 금속에 전류를 흘리면 전류는 영원히 흐르게 된다. 초전도의 응용은 저항에 따른 열손실이 0인 성질을 이용하며, 전기철도, 송전선 등 그 실용화가 크게 기대되고 있다.

그림 5-18 옴의 법칙

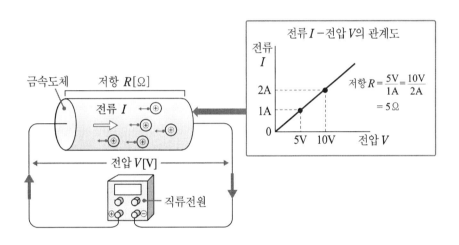

그림 5-19 크기에 따른 저항의 변화

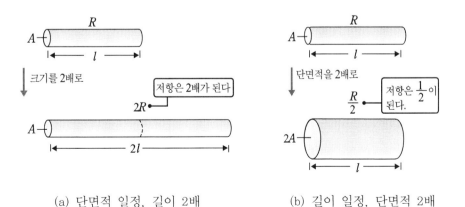

(a) 단면적 일정, 길이 2배   (b) 길이 일정, 단면적 2배

60. 전기회로

● **전기회로란?**

그림 5-20과 같이 전지, 스위치, 전구를 전선(도선)으로 접속하여 스위치를 켜면 전구에 불이 들어온다. 이와 같은 전류의 통로를 전기회로, 또는 회로라고 한다. 전기회로를 만드는 것으로, ① 전기를 발생시키는 것 – 전원, ② 그 전기를 이용하여 일을 하는 것 – 부하, ③ 그것들을 연결하는 것 – 전선 등을 들 수 있다.

● **전원과 그 역할**

전지와 같이 전기의 공급원을 전원이라고 한다. 전원에는 기전력을 연속적으로 발생시켜 전류를 흐르게 하는 역할이 필요하다. 작은 전류를 흐르게 하는 전원의 예로 전지를 들 수 있다. 이것은 전지 내부의 화학 작용에 의해 양극과 음극 사이에 전위차를 유지한다. 또한, 큰 전류를 흐르게 하는 전원의 예로 발전기를 들 수 있다. 전자 유도 작용에 의해 출력 단자에 기전력을 발생시키는 것이다. 그림 5-21의 정전압 전원은 부하를 연결하여 전류를 흘려도 일정한 전압을 유지하는 기능을 갖춘 전원이다.

● **부하와 그 역할**

전구와 같이 전기 에너지를 소비하는 것을 부하라고 한다. 부하는 전기 에너지를 빛, 열 및 동력 등으로 전환하는 역할을 한다(그림 5-22).

● **회로도와 회로 기호**

그림 5-20과 같이 전원, 스위치, 부하 등을 실물과 같이 그린 것을 실체 배선도라고 한다. 이것은 그리기가 어렵고, 복잡해지면 보기도 어렵기 때문에 간략화한 기호를 사용하여 전기회로를 나타낸다. 이와 같은 그림을 회로도라고 한다(그림 5-23).

● **직류 회로와 교류 회로**

직류 회로는 직류 전원을 전류의 공급원으로 하여 만든 회로이며, 회로의 전류의 크기를 결정하는 요소에 저항이 있다. 또한, 교류 회로는 교류 전원을 전류의 공급원으로서 만든 회로이며, 회로의 전류의 크기를 결정하는 기본적인 요소에는 저항 외에 코일, 콘덴서가 있다.

그림 5-20 전기회로

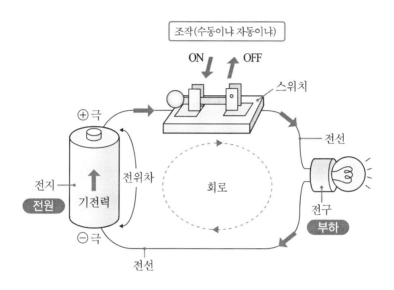

그림 5-21 다양한 전원

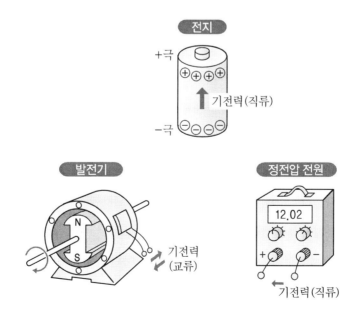

그림 5-22 다양한 부하

동력으로 소비

전동기

부하로서 펌프,
에어컨, 세탁기 등

빛으로 소비

백열전구

형광등

열로 소비

전기 주전자

토스트기

그림 5-23 회로도

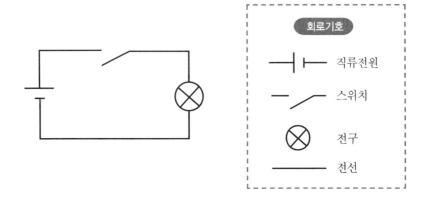

회로기호

직류전원

스위치

전구

전선

61. 전지와 저항의 연결방법

● 전지의 연결방법

전지의 연결방법에는 직렬접속과 병렬접속이 있다. 각각의 연결방법과 특징을 알아보자.

(1) 직렬접속

1개의 전지의 양극으로부터 다음 전지의 음극으로, 그 전지의 양극에서 다시 다음 전지의 음극으로 연결해 가는 방법이다. 이 방법의 특징은 전지의 기전력이 같을 때는 개수만큼의 전압이 얻어지며, 한 개의 전지로 전압이 부족한 경우 이 방법을 사용한다.

(2) 병렬접속

전지의 양극과 양극을 서로 연결하고, 음극과 음극을 서로 연결하는 방법이다. 단, 그림 5-25와 같이 전지의 전압에 약간의 차이가 있을 경우 전지들 사이에 전류가 흘러 전지가 소모되는 원인이 되기 때문에 이 방법은 거의 사용하지 않는다.

● 저항의 연결방법

저항의 기본적인 연결방법에는 직렬접속과 병렬접속이 있다.

(1) 직렬접속

여러 개의 저항을 일렬로 연결하는 방법이다. 이 방법의 경우 어느 저항에도 같은 전류가 흐르지만, 각 저항에 걸리는 전압은 저항값에 비례하여 배분된다. 이 방법은 가정에서는 거의 사용하지 않는다.

(2) 병렬접속

여러 개의 저항의 양단을 전원에 연결하는 방법이다. 이 방법은 모든 저항의 양단에 같은 전압이 걸리지만, 각 저항에 흐르는 전류는 저항값에 반비례하여 흐른다. 병렬접속은 가정에서 사용하고 있는 전등, 전기기구 등의 접속에 사용되고 있다.

그림 5-24 전지의 직렬접속

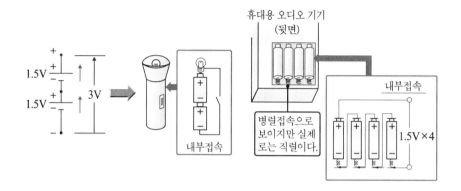

그림 5-25 전지의 병렬접속

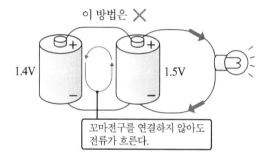

그림 5-26 저항의 직렬접속

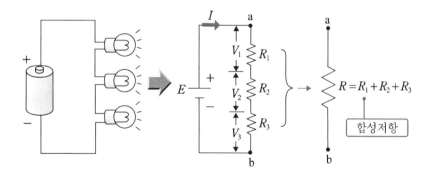

그림 5-27 장식용 전구의 직렬접속

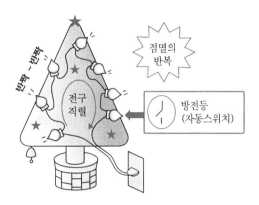

그림 5-28 저항의 병렬접속

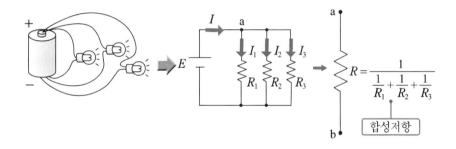

그림 5-29 가전제품의 접속방식

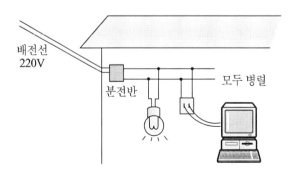

62. 다양한 전지

● 전지란?

화학적 에너지나 물리적 에너지를 직접 전기 에너지로 변환하는 장치를 전지라고 한다.

● 전지의 종류

전지를 크게 분류하면 화학전지와 물리전지로 나눌 수 있다.

(1) 화학전지

화학 물질이 갖는 에너지를 화학 반응에 의해 직접 전기 에너지로 변환하는 장치이며, 일반적으로 전지라고 하면, 이것을 의미한다. 그 가운데 일상생활에서 가장 애용되고 있는 망간 전지나 알칼리 전지와 같이 방전에만 사용되고, 충전할 수 없어 재활용 할 수 없는 전지를 1차 전지라고 한다. 또한, 자동차 배터리나 휴대용 가전 기구에 사용되는 니켈 전지와 같이 방전 후 충전이 가능하여 반복하여 사용할 수 있는 전지를 2차 전지, 또는 축전지라고 한다.

(2) 물리전지

물리 현상에 의해 얻어지는 물리 에너지를 전기 에너지로 변환하는 장치를 말하며, 태양 전지, 열전지, 원자력 전지 등이 있다.

● 화학전지의 기본구조

화학전지는 양극과 음극이라고 하는 두 전극과 전해액으로 구성되어 있다. 양극에서 반응하는 물질을 양극활 물질이라고 하며, 산화력이 큰 물질이 사용된다. 또한, 음극에 반응하는 물질을 음극활 물질이라고 하며, 이온화 경향이 큰 금속이나 환원력이 큰 물질이 사용된다.

● **주요 전지**

그림 5-30과 같이 전지의 종류는 대단히 많으며, 각각의 특징을 충분히 파악하고, 용도에 맞게 사용할 필요가 있다(표 5-1, 표 5-2).

그림 5-30 전지의 종류

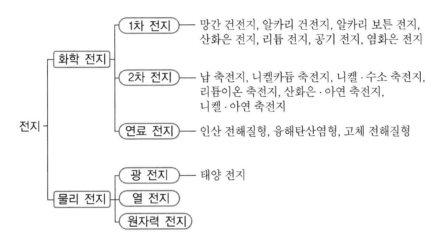

전지	화학 전지	1차 전지 — 망간 건전지, 알카리 건전지, 알카리 보튼 전지, 산화은 전지, 리튬 전지, 공기 전지, 염화은 전지
		2차 전지 — 납 축전지, 니켈카듐 축전지, 니켈·수소 축전지, 리튬이온 축전지, 산화은·아연 축전지, 니켈·아연 축전지
		연료 전지 — 인산 전해질형, 융해탄산염형, 고체 전해질형
	물리 전지	광 전지 — 태양 전지
		열 전지
		원자력 전지

그림 5-31 망간 건전지의 구조   그림 5-32 납축전지의 구조

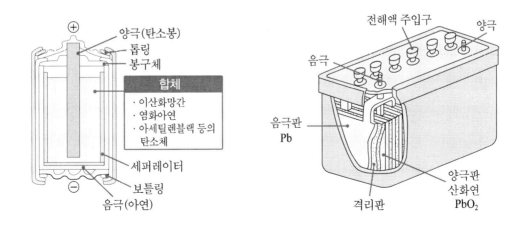

표 5-1 주요 1차 전지

분류	망간 건전지	알카리 건전지	리튬 전지 (이산화 망간계)
양극 활물질	이산화망간 (MnO_2)	이산화망간 (MnO_2)	이산화망간 (MnO_2)
전해액	염화아연 ($ZnCl_2$)	수산화칼륨 (KOH)	탄산 프로필렌 등 유기용액 +과염소산리튬($LiClO_4$)
음극 활물질	아연(Zn)	아연(Zn)	리튬(Li)
공칭 전압(V)	1.5V	1.5V	3.0V
특징	• 가장 많이 보급됨 • 간헐적 방전용에 적합	• 큰 전류의 연속 방전에 적합 • 보존성이 좋음	• 에너지 밀도가 큼 • 사용 온도 범위가 넓음
주요 용도	휴대용 전등, 카메라, 휴대용 라디오 등	완구, 녹음기 플레이어 등	시계, 카메라, 컴팩트디 메모리 등

표 5-2 주요 2차 전지

분류	납 축전지	니켈 카듐 전지	리튬 이온 전지
양극 활물질	이산화납 (PbO_2)	옥시수산화니켈 (NiOOH)	코발트산리튬($LiCoO_2$)
전해액	황산 (H_2SO_4)	수산화칼륨(KOH)	리튬염을 녹인 유기 전해액
음극 활물질	납 (Pb)	카드뮴(Cd)	흑연층간화합물(LiC_6)
공칭 전압(V)	2.0V	1.2V	3.6V
특징	•대전류 방전에 적합 •신뢰성이 높음	•보수, 취급이 용이 •자기 방전이 약간 큼	•전압이나 에너지 밀도가 높음 •자기 방전이 약간 큼 •친환경 전지
주요 용도	자동차, 통신기기, 선박 등의 용도에 폭넓게 이용	대형 통신기기부터 초소형의 휴대용까지 다양하게 사용	휴대전화, VTR, 노트북 등

63. 직류와 교류

● **직류와 교류의 차이**

우리들이 사용하는 전기는 크게 두 종류가 있다. 하나는 직류로서 전지를 접속한 회로에 걸리는 전압이나 전류처럼 크기나 방향이 시간과 상관없이 일정한 것이다. 또 하나는 교류로서 가전제품에 걸리는 전압이나 전류처럼 크기나 방향이 주기적으로 변하는 것이다.

● **대표적인 교류는 정현파 교류**

교류의 종류는 많지만 발전소의 교류 발전기에서 보내지는 교류는 정현파 교류이다.

● **교류의 표시법**

교류와 관련된 다양한 양을 다음과 같이 정하고 있다.

(1) 주파수와 주기

교류가 1초 동안 반복하는 횟수를 주파수라고 하며, 기호는 f, 단위는 헤르츠(Hz)를 사용한다. 교류가 한 번 반복하는데 걸리는 시간을 주기라고 하며, 기호는 T, 단위는 초(s)를 사용한다. f가 50[Hz]일 때 주기는 $T = 1/f = 1/50 = 0.02$[s]가 된다.

(2) 실효값

교류의 전압이나 전류의 값은 최대값, 평균값, 실효값으로 나타낼 수 있는데, 일반적으로 실효값을 사용하며, 다음과 같은 식으로 나타낸다.

$$실효값 = 최대값 \times 1/\sqrt{2}$$

가정에서 사용하고 있는 전압 220V는 실효값이다. 이 전압의 최대값은 약 311[V]이다.

● **교류가 사회나 가정에 이용되는 이유**

① 교류는 변압기를 사용하여 전압의 크기를 쉽게 바꿀 수 있다. 전압을 높이고, 전류를 낮추면 송전시 손실을 줄일 수 있다.

② 교류(특히 3상 교류)의 전동기(3상 유도 전동기)는 구조가 간단하고, 견고하기 때문에 고장이 적어, 사용하기 편리하기 때문에 이에 맞게 사회나 가정에서 직류보다 교류를 사용한다.

그림 5-33 직류와 교류의 파형

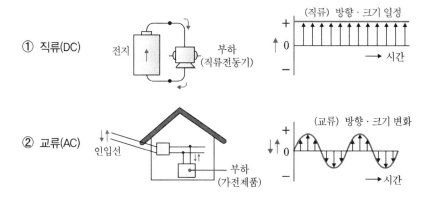

그림 5-34 주파수와 주기의 관계

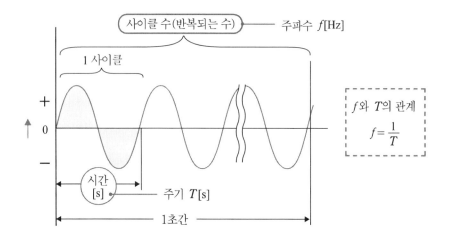

그림 5-35 실효값과 최대값의 관계

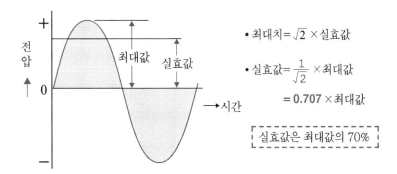

- 최대치 $= \sqrt{2} \times$ 실효값

- 실효값 $= \dfrac{1}{\sqrt{2}} \times$ 최대값

  $= 0.707 \times$ 최대값

실효값은 최대값의 70%

그림 5-36 교류가 편리한 점은

(a) 전압을 올리면 전류를 낮추어 송전할 수 있다.

발전소와 변전소
배전 변전소
승압
손실 감소
전압고
전류소
전선의 저항
강압
전기의 수요
강압

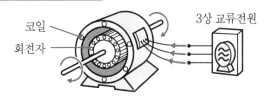

(b) 구조 간단, 튼튼, 저가의 교류전동기(유도전동기)

코일
회전자
3상 교류전원

64. 코일

● **코일이란?**

절연한 전선을 여러 번 감은 것을 코일이라고 한다.

● **코일의 구조**

코일은 코일 안에 자계가 잘 통하도록 철 등의 물질(자성체)이 들어간 철심 코일, 아무 것도 들어 있지 않은 공심 코일로 나눌 수 있다. 철심의 역할은 철심을 넣음으로써 자력선을 철심에 집중시켜, 코일 안의 자계를 강하게 하기 위한 것이다.

● **코일의 성질**

① 코일에 전류를 흘렸을 때 코일 안에 생기는 자계의 크기는 흐르는 전류의 크기와 코일의 권수의 곱에 비례한다. 전자석이나 전동기 등은 이 성질을 이용하여 코일 안에 강력한 자계를 만든다.

② 그림 5-39와 같이 코일 안에 자속이 시간적으로 변하면 전자유도작용에 의해 유도 기전력을 만든다. 교류 전류는 이 기전력에 따라 그 크기가 제한된다. 따라서 코일은 직류 전류를 제어할 수 없으나 교류 전류를 가능한 흐르지 않게 하는 성질이 있다. 이 효과의 크기를 자기 인덕턴스라고 하며, 기호는 L, 단위는 헨리(H)를 사용한다.

③ 코일은 직류에 대해 하나의 도체로서 동작하며, 전류는 그대로 흐른다(단, 흐르기 시작할 때는 제한된다). 교류에 대해서는 교류의 주파수가 높을수록 코일 안의 자속의 변화가 심해져 전류를 방해하는 유도기전력도 커진다. 이와 같이 코일은 주파수가 높을수록 교류전류가 흐르기 어려워진다.

● **코일의 용도**

그림 5-40과 같이 전자석의 코일, 전동기의 계자 코일, 변압기, 형광등의 안정기, 스피커의 동조 코일, 자동차 엔진의 점화용 코일, 노이즈 필터 등 다양한 용도로 사용되고 있다.

그림 5-37   다양한 철심코일

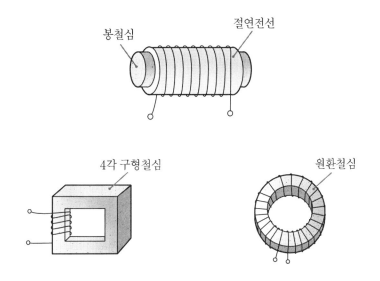

그림 5-38   코일 안의 자력선과 자계

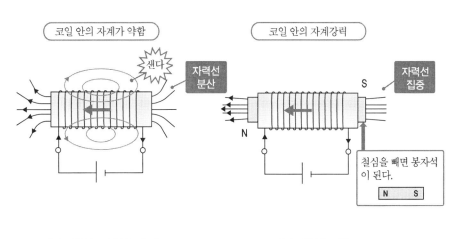

(a) 공심코일의 자계   (b) 철심코일

그림 5-39 코일의 성질

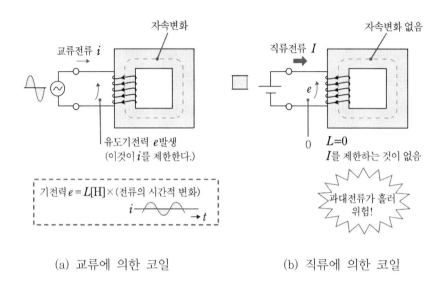

(a) 교류에 의한 코일
(b) 직류에 의한 코일

그림 5-40 코일의 주요 용도

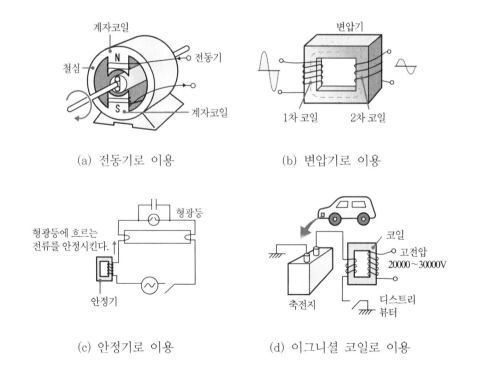

(a) 전동기로 이용
(b) 변압기로 이용

(c) 안정기로 이용
(d) 이그니션 코일로 이용

65. 콘덴서

● **전기를 담는 용기**

콘덴서는 전하를 축적하는 부품, 또는 장치로서 커패시터(Capacitor)라고도 한다.

● **콘덴서의 구조**

기본 구조는 두 장의 금속판을 서로 마주 보게 하고, 그 사이에 절연물을 끼어 넣은 것이다. 이 절연물을 유전체라고 하며, 전하를 축적하는 능력을 향상시키는 역할을 한다.

● **콘덴서의 성질**

① 전하를 축적할 수 있는 능력을 정전용량이라고 하며, 기호는 C, 단위는 패럿(F)을 사용하며, 실제로는 이보다 백만분의 일(10^{-6})인 마이크로 패럿(μF), 또는 10^{-12}의 피코 패럿(pF)을 사용한다. 정전용량 C는 금속판의 면적 A에 비례하며, 금속판 사이의 거리 d에 반비례하는 성질을 갖는다.

② 실제 콘덴서 부품은 가능한 금속판의 면적을 크게 하면서도, 작은 크기로 만들기 위해 얇은 금속막 사이에 얇은 절연물을 끼워 넣고, 이것을 말아서 만든 구조를 하고 있다.

③ 전하를 콘덴서 등에 축적하는 것을 충전이라고 하며, 축적한 전하를 도선을 이용하여 방출하는 것을 방전이라고 한다.

④ 콘덴서는 교류 전류를 흐르게 하며, 전원의 주파수가 높을수록 잘 통한다. 그러나 직류 전류는 충전시에만 잠깐 흐를 뿐, 정상 상태에서는 콘덴서를 통과하지 못한다.

● **콘덴서의 용도**

콘덴서는 전원 회로, 조명, 오디오 회로, 통신기기 등 광범위하게 사용되고 있다. 그 예로서 ① 정류회로의 출력파형의 맥동분(파형의 흔들림)을 제거하고, 원만한 파형으로 만들고, ② 형광등에서 생기는 잡음(고주파 전류)을 단락시켜 다른 배전선로로 흘러 들어가는 것을 막으며, ③ 송신기의 방송전파의 선국, ④ 증폭회로의 결합 콘덴서나 바이패스 콘덴서(직류를 차단하고, 교류만을 통과시키는 성질을 이용), ⑤ 펄스 발생회로의 적분회로(충방전 성질을 이용) 등 다양하다.

그림 5-41 콘덴서 구조

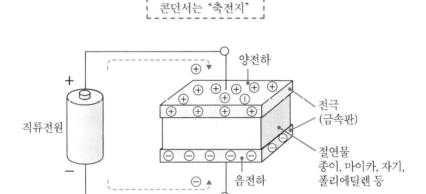

그림 5-42 정전용량과 면적, 거리의 관계

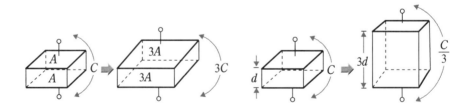

(a) 면적 A를 3배로 하면 정전용량도 3배로 증가한다.

(b) 거리 d를 3배로 하면 정전용량은 $\frac{1}{3}$로 줄어든다.

그림 5-43 전극의 면적을 크게 하는 방법

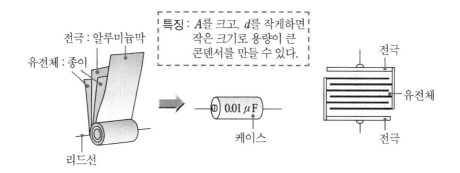

특징 : A를 크고, d를 작게하면 작은 크기로 용량이 큰 콘덴서를 만들 수 있다.

전극 : 알루미늄막
유전체 : 종이
리드선
0.01 μF
케이스

전극
유전체
전극

(a) 말아서 만든 종이 콘덴서   (b) 중층구조로 한 콘덴서

그림 5-44 콘덴서의 주요 용도

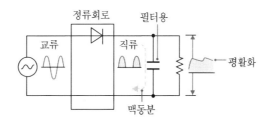

정류회로   필터용
교류   직류   평활화
맥동분

(a) 필터용으로

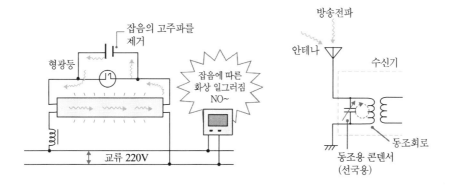

잡음의 고주파를 제거
형광등
잡음에 따른 화상 일그러짐 NO~
교류 220V

방송전파
안테나   수신기
동조회로
동조용 콘덴서 (선국용)

(b) 잡음제거용으로   (c) 방송전파의 선국용으로

66. 전류에 의한 3가지 작용

● 전류에 의한 3가지 작용이란?

전기 온수기 등의 히터, 식염수와 같은 전해액, 전동기 등의 코일에 전류를 흘리면, 각각 유용한 작용을 한다. 이것을 정리하면 전류의 작용은 ① 발열작용, ② 화학작용, ③ 자기작용의 3가지 작용으로 분류할 수 있다. 이것을 전류의 3가지 작용이라고 한다.

● 발열작용과 그 이용

전열선에 전류를 흘리면 전기 에너지가 열로 변환된다. 이 현상을 정리한 것이 줄의 법칙이며, "저항 $R[\Omega]$에 전류 $I[\text{A}]$를 t초 동안 흘리면 $RI^2t[\text{J}]$의 열에너지를 발생한다"는 것이다. 발생한 열(줄열이라고 한다)은 열원으로서 유효하게 이용되지만, 쓸데없이 방출되는 경우에는 손실이 된다. 이 작용의 유용한 이용 예로는 전기난로, 전기담요, 전기다리미 등을 들 수 있다.

● 화학작용과 그 이용

식염수 등의 전해액 속에 있는 2개의 전극 판에 직류 전압을 가하면 이온의 이동에 의한 전류가 흐르게 되어 물질을 화학적으로 분해한다. 이와 같은 전기분해는 전류에 의한 화학작용에 속한다. 여기서 만들어진 물질의 분리량은 통전 시간이 길수록, 전류가 클수록 많아진다. 이 작용은 전기분해, 축전지, 충전지 등에 이용되고 있다.

● 자기작용과 그 이용

전선에 전류를 흘리면 그 주변에는 자기가 생긴다. 이것이 전류에 의한 자기작용이다. 강력한 자기를 만들기 위해서는 전선을 말아 코일로 만들고, 코일 안에 철심을 넣는다. 이 작용의 이용 예로는 전자석, 전동기, 스피커 등이 있다.

그림 5-45 전류의 3가지 작용

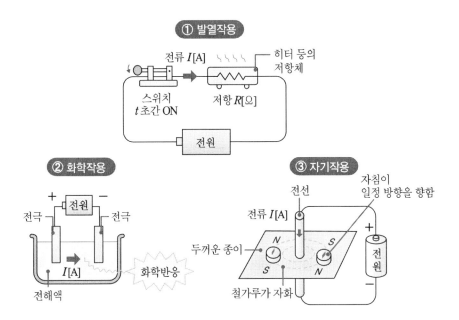

그림 5-46 발열작용의 이용 사례

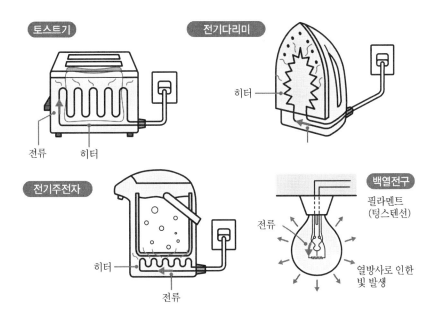

그림 5-47 화학작용의 이용 사례

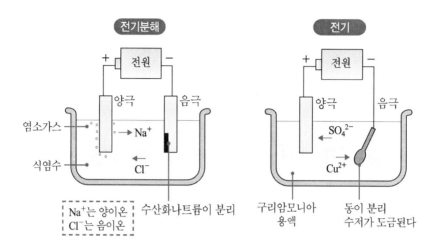

그림 5-48 자기작용의 이용 사례

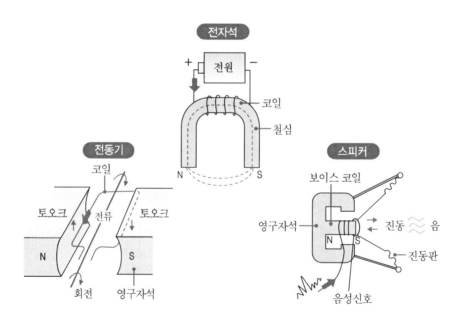

67. 전력과 전력량

● **에너지 변환과 전력**

전열기, 전구, 전동기 등의 부하에 전압을 가해 전류를 흘리면, 다양한 일을 하며 열, 빛, 동력 등을 만든다. 이와 같이 부하에 공급된 전기 에너지는 원하는 에너지로 변환된다. 1초 당 전기가 하는 일의 양(전기 에너지)을 전력이라고 하며, 단위는 와트(W)를 사용한다. 전력 P는 전압을 V[V], 전류를 I[A]로 했을 때 다음과 같이 나타낼 수 있다.

$$P = VI[\text{W}]$$

● **전력량이란?**

일정 시간 동안 전기가 한 일의 양을 전력량이라고 하며, 단위는 와트세크[W·s]를 사용한다. 일상에서는 W·s가 너무 작아 킬로와트시[kW·h]를 사용한다.
1[kW·h] = 1000×60×60 = 3600000[W·s]이다. 전력량 W는 P[W]의 전력을 t 초 동안 사용했을 때 다음과 같이 나타낼 수 있다.

$$W = Pt[\text{W·s}]$$

● **교류회로의 전력**

직류회로의 전력은 전압과 전류의 곱으로 구할 수 있다. 그러나 교류회로의 전력은 부하의 성질에 따라 전압과 전류 사이에 위상차가 생겨 구하는 방법이 직류회로와 다르다. 교류회로의 전력 P는 전압 V[V], 전류 I[A], 전압파형과 전류파형간의 위상차를 θ라고 했을 때 다음과 같이 나타낼 수 있다.

$$P = VI\cos\theta[\text{W}]$$

● **역률의 좋고 나쁨**

위 식을 $\cos\theta = P/(VI)$로 바꿀 수 있다. 여기서 $\cos\theta$는 전원으로부터 부하에 공급되는 전력(피상전력이라고 하며, 단위는 볼트 암페어(VA)) 가운데, 부하에서 전력을 소비하는 비율을 나타내는 것으로 역률이라고 한다. P를 유효전력이라고 하며, 단위는 와트(W)를 사용한다. 역률이 나쁜(작은) 부하는 역률이 좋은(큰) 부하와 같은 전력을 소비하기 위해 큰 전류를 필요로 하며, 한 층 더 큰 변압기나 두꺼운 전선을 사용하지 않으면 안되기 때문에 경제적이지 못하다.

그림 5-49 전기 에너지로부터 다른 에너지로(에너지 변환)

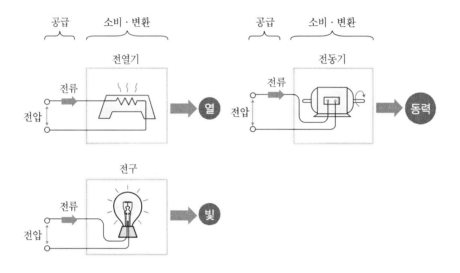

그림 5-50 전력 P의 3가지 식

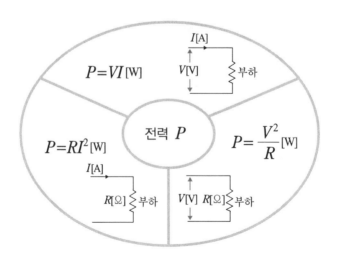

그림 5-51 공급전력 P의 행방

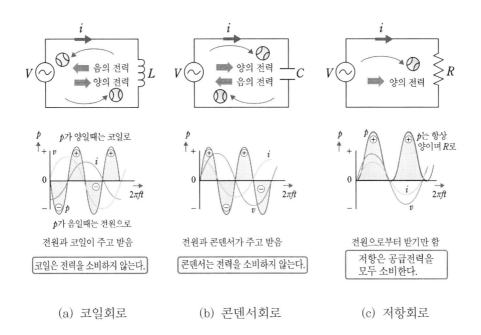

(a) 코일회로 　　　　(b) 콘덴서회로 　　　　(c) 저항회로

그림 5-52 역률이 좋은 부하와 나쁜 부하의 차이

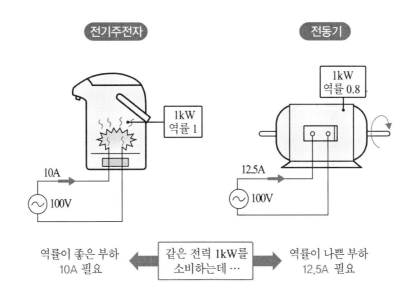

68. 자기와 자석

자석은 문명사회에서 없어서는 안되는 것이다. 자석으로부터 생기는 자계나 자석에 작용하는 힘 등이 다양한 도구, 기기, 설비 등 광범위한 분야에서 사용되고 있다.

● **자석의 특성**

작은 자석을 놓았을 때 지구의 북쪽을 가리키는 쪽이 N극이며, 남극을 가리키는 쪽이 S극이다. 지구는 북극과 남극을 자축(실제로는 약간 기울어져 있다)으로 한 거대한 자석이다.

● **자계와 자력선, 그리고 자석이란?**

자석 가까이에 다른 자석이나 철편을 놓으면 여기에 자력이 작용한다. 이와 같이 자력이 작용하는 공간을 자계라고 한다. 자석 주변에 철가루를 뿌리면 철가루는 그림 5-54와 같은 모양을 만드는데 N극에서 S극으로 연결되는 철가루 선을 자력선이라고 한다. 철가루는 자극에 강력하게 끌리기 때문에 자극 중심부를 향할수록 집중되어 있다. 자속이란 자력선의 다발을 말하며, 자석 속을 지나 그 주위 공간에 전달되는 끊어지지 않는 고리 모양을 하고 있다. 이에 비해 자력선은 고리 형상이 되지 않고, N극에서 나와 S극으로 들어간다.

● **자기유도**

자석에 바늘 등의 철편을 가까이 하면 철편은 자석에 끌리게 된다. 이와 같이 철편에 자기가 나타나는 현상을 자기유도라고 한다. 또한, 자계 속에서 자석이 되기 쉬운 것을 자성체라고 한다.

● **영구자석**

철, 코발트, 니켈 등은 자계 속에 놓으면 자화되어 자석이 되지만, 자계를 제거한 뒤에도 강력한 자석으로서 사용할 수 있는 것을 영구자석이라고 한다. 철 가운데 연철은 자계를 제거하면 자석의 성질이 없어지기 때문에 영구자석으로 사용할 수 없지만, 강철은 특성이 우수한 영구자석 재료이다. 영구자석을 만드는 것은 강과 같은 강자성체에 전자석과 같이 코일을 감아 큰 전류를 순간 흘려 자화시킨다. 자계를 제거했을 때도 자성체 속에 남아 있는 자기를 잔류자기라고 한다.

그림 5-53 지구는 거대한 자석

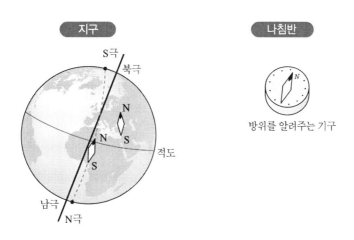

그림 5-54 자석과 자력선

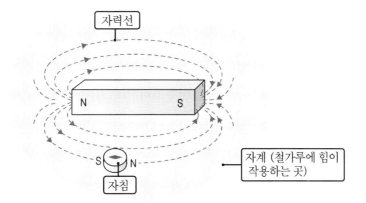

그림 5-55 자력선과 자속

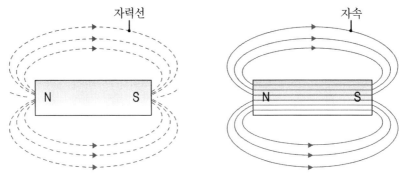

N극으로 나와 S극까지의 자기적인 가상선   자속 속도 통과하는 순환형의 자기적 선

그림 5-56 자기유도

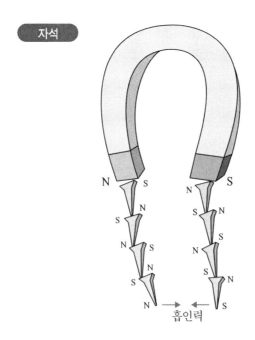

그림 5-57 영구자석을 만드는 방법

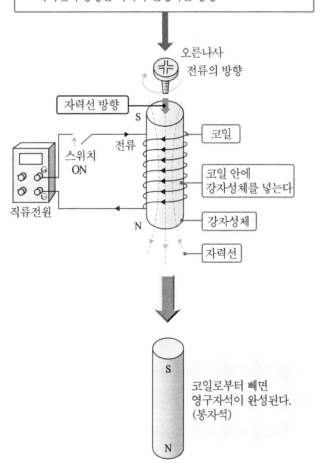

영구자석을 만드는 방법

코일에 전류를 흘리면, 자력선이 집중하여 자석이 된다.
자석의 강도는 전류에 비례한다.

자력선의 방향과 전류의 방향의 관계 … 오른나사의 법칙

● 전류의 방향은 나사를 돌리는 방향
● 자력선의 방향은 나사가 진행하는 방향

오른나사
전류의 방향

자력선 방향

S

코일

전류

스위치
ON

코일 안에
강자성체를 넣는다

직류전원

N

강자성체

자력선

S

코일로부터 빼면
영구자석이 완성된다.
(봉자석)

N

69. 발전기와 변압기

1831년에 패러데이로부터 전자유도현상이 발견되고, 이것이 법칙으로 공표되었다. 그 응용이 현재의 전기 에너지의 발생이나 수송에 관한 기술을 낳았다. 특히 발전기와 변압기가 대표적인 걸작이라고 말할 수 있다.

● **전자유도 법칙이란?**

그림 5-58과 같이 코일을 감은 자속이 변하면 코일에 기전력이 발생한다. 이와 같은 현상을 전자유도라고 한다. 이 현상은 코일에 자속의 변화를 줌으로써 일어나는 것이 기본이지만, 코일뿐 아니라 그림 5-59와 같이 하나의 도선이나 한 장의 금속판에서도 일어난다. 핵심은 자속의 변화를 주기만 히면 기전력이 생겨 진류가 흐른다는 것이다.

● **발전기의 원리와 이용**

발전기는 전자유도작용을 이용하여 기계 에너지를 전기 에너지로 변환하는 기기이다. 그림 5-60은 교류 발전기의 기본 구조도이다. 영구자석, 또는 자계를 만들기 위해 코일을 감은 자극(자극이라고 한다)을 회전시키면, 고정자 코일이 이 자속을 끊고 기전력을 유도하는 원리로 만들어져 있다. 방향 코일의 도체는 회전각 b, d의 위치에서 자속과 직각으로 끊는 성분이 가장 많으므로 기전력은 최대가 된다. 여기에서 기전력의 방향은 자속을 멈추고 도체를 반시계 방향으로 움직이게 하는 것이며, 플레밍의 오른손 법칙을 적용한다. 실제 발전소에 설치된 발전기는 송전이나 전력수요에서 유리한 3상 교류 발전기를 사용하고 있다.

● **변압기의 원리와 이용**

변압기는 전자유도작용을 이용하여 교류전압을 높이거나 낮추는 기기이며, 전기 에너지를 우수한 효율로 전송할 수 있어 송전이나 배전에 반드시 필요하다.

그림 5-61은 단상용 변압기의 기본 원리도이며, 공통 자기회로가 되는 철심에 1차 권선(권수 n_1)과 2차 권선(권수 n_2)을 설치한 것이다. 1차측 단자 사이에 전압 V_1을

가하면 교류 전류 i_1(여자전류라고 한다)이 흐르며, 이로 인해 생긴 교류 자속 ϕ가 2차 권선 안에서 작용하여 기전력이 유도되고, 2차측 단자 사이에 교류 전압 v_2가 생기게 된다.

그림 5-58　전자유도작용(1)

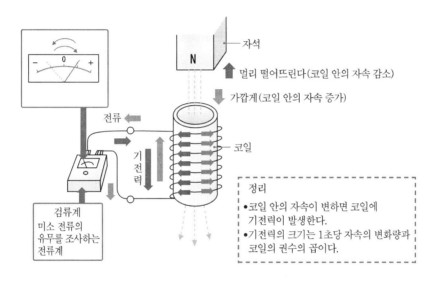

그림 5-59　전자유도작용(2)

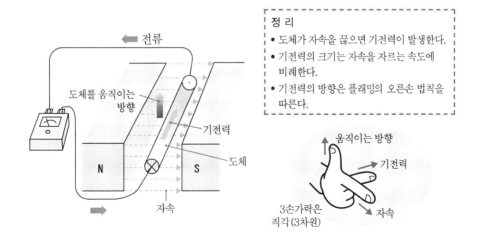

그림 5-60 단상 교류 발전기의 기본 구조

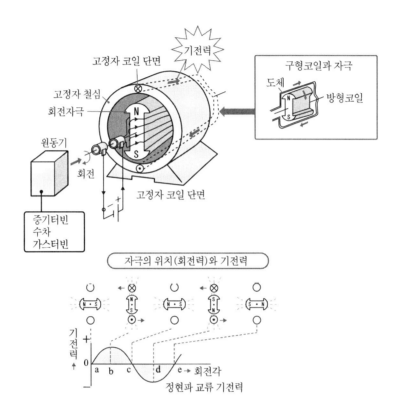

그림 5-61 단상 변압기의 기본 원리

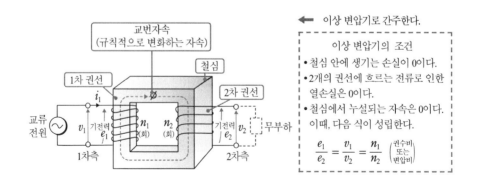

이상 변압기로 간주한다.

이상 변압기의 조건
• 철심 안에 생기는 손실이 0이다.
• 2개의 권선에 흐르는 전류로 인한
  열손실은 0이다.
• 철심에서 누설되는 자속은 0이다.
이때, 다음 식이 성립한다.

$$\frac{e_1}{e_2} = \frac{v_1}{v_2} = \frac{n_1}{n_2} \quad \left(\begin{array}{c}\text{권수비}\\\text{또는}\\\text{변압비}\end{array}\right)$$

70. 단상 교류와 3상 교류

● **단상 교류란?**

그림 5-62와 같은 교류 발전기에서 자석을 회전시키면 2개의 고정 코일 A, B에는 정현파의 교류 기전력 *e*가 발생한다. 여기서 기전력을 발생시키고 있는 전원을 상 (Phase)이라고 한다. 이 발전기는 하나의 상과 2개의 전선에 의해 공급되고 있는 교류로서 단상 교류라고 한다. 또한, 이와 같은 배전방식을 단상 2선식이라고 한다.

● **3상 교류의 원리**

그림 5-63 (a)와 같이 코일 A, B, C를 120°의 간격으로 배치하고, 자극을 회전시키면, 코일 A, B, C에는 서로 120°씩 밀린 정현파의 교류 기전력이 발생하다. 그림 5-63 (b)와 같이 3개의 단상 2선식 교류회로의 조합으로 볼 수 있어 N_1, N_2, N_3의 전선에는 시간적으로 120° 밀린 전류 i_A, i_B, i_C가 흐른다. 각 전류의 파형은 그림 5-63 (c)와 같이 어느 시각에도 각 전류의 합은 $i_A + i_B + i_C = 0$이 된다. 따라서 전선 N_1, N_2, N_3의 각 상의 한쪽 전선을 서로 묶어버리면 3선으로 전력을 공급할 수 있다. 이와 같은 교류를 3상 교류라고 한다. 또한, 이와 같은 배선방식을 3상 3선식 이라고 한다.

● **3상 전원과 부하의 결선**

전원과 부하를 잇는 방법은 그림 5-64와 같이 Y 결선과 △결선이 있다. 3상 교류가 단상 교류보다 유리한 점은 다음과 같다.
① 같은 전력을 보내는 경우 3상 방식이 전선량이 적어 경제적이다.
② 3상 방식은 전선 하나 당 보내는 전력이 단상 방식에 비해 크다.
③ 3상 방식에서는 3선 중 2선을 이용하여 단상 교류를 만들 수 있다.
④ 3상 방식에서는 구조가 간단하고, 튼튼하며, 저가이고, 제조나 운전이 쉬운 3상 교류 전동기(3상 유도전동기)를 사용할 수 있다.

그림 5-62 단상 교류의 발생

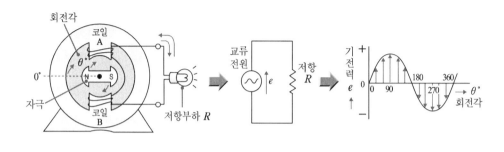

(a) 교류 발전기의 구조   (b) 회로도   (c) 기전력의 파형

그림 5-63 3상 교류의 발생

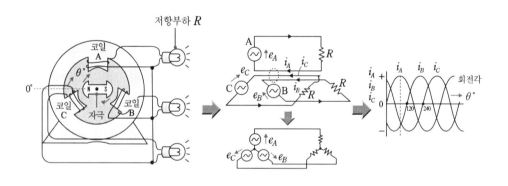

(a) 3상 교류 발전기의 구조   (b) 회로도   (c) 3상 전류 파형

그림 5-64 3상 교류 회로의 결선

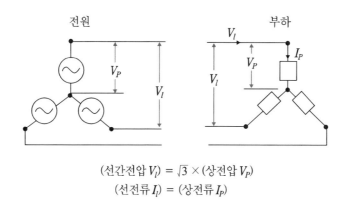

$$(\text{선간전압 } V_l) = \sqrt{3} \times (\text{상전압 } V_P)$$
$$(\text{선전류 } I_l) = (\text{상전류 } I_P)$$

(a) Y결선

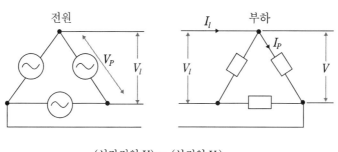

$$(\text{선간전압 } V_l) = (\text{상전압 } V_P)$$
$$(\text{선전류 } I_l) = \sqrt{3} \times (\text{상전류 } I_P)$$

(b) △결선

71. 임피던스

• 교류회로를 구성하는 3가지 소자란?

교류회로에서 전류를 제한하는 소자는 저항, 코일 및 콘덴서의 3가지이다. 교류회로는 이 소자들로 구성된다.

• 3가지 소자의 성질

교류회로에서의 저항, 코일, 콘덴서는 각각 독특한 성질을 가지고 있다.

(1) 저항

전원의 주파수 f[Hz]와 상관없이 저항 R[Ω]만으로 전류를 제한한다. 직류에 대해서도 같은 역할을 한다.

(2) 코일

코일에는 인덕턴스 L[H]이 있으며, 전원의 주파수 f[Hz]에 비례하여 전류를 제한하는 작용도 커진다. 이와 같이 교류에만 나타나는 저항 작용을 리액턴스(X)라고 하며, 특히, 코일에 의한 것을 유도 리액턴스(X_L)라고 한다. 리액턴스의 단위는 옴(Ω)을 사용한다. 또한, 직류($f = 0$)에 대해서는 전류를 제한하는 능력이 전혀 없다.

(3) 콘덴서

콘덴서에는 정전용량 C가 있으며, 코일과는 반대로 전원의 주파수 f[Hz]에 비례하여 전류를 제한하는 작용이 작아진다. 콘덴서에 의한 저항 작용을 용량 리액턴스(X_C)라고 한다. 또한, 직류($f = 0$)에 대해서는 정상상태에서는 무한대의 저항으로 작용하며, 전류를 흘리지 않는다.

• 교류회로의 임피던스

실제 전기회로는 L이나 C만으로 만들어지는 경우는 적으며 R, L, C의 3가지 소자를 조합하여 구성하는 경우가 대부분이다. 교류에 대한 저항과 리액턴스의 조합회로가 갖는 전류작용을 인피던스라고 하며, 기호는 Z, 단위는 옴(Ω)을 사용한다. 교류회로에서의 인피던스는 전기공학에서도 기본적인 내용이며, 송전선·배전선을

만드는 회로, 가전기기를 구성하는 전자회로, 무선·유선통신회로 등 폭넓은 영역
에서 활용되고 있다.

그림 5-65 교류에 대한 각 소자의 움직임

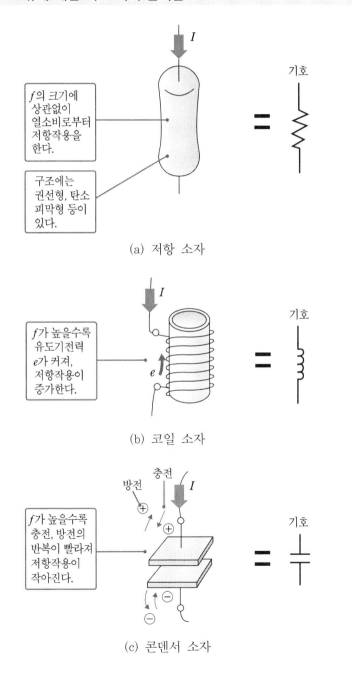

(a) 저항 소자

(b) 코일 소자

(c) 콘덴서 소자

표 5-3 각 소자의 성질

	저항 소자	코일 소자	콘덴서 소자
R, L, C 단독회로	$V[V]$ I $R[\Omega]$ $f[Hz]$	$V[V]$ I $L[H]$ $f[Hz]$	$V[V]$ I $C[F]$ $f[Hz]$
교류에 대한 저항작용 [Ω]	저항 $R[\Omega]$ (이 값은 f와 무관)	유도 리액턴스 $X_L = 2\pi f L[\Omega]$	용량 리액턴스 $X_C = \dfrac{1}{2\pi f C}[\Omega]$
교류전류 실효값 $I[A]$	$I = \dfrac{V}{R}[A]$	$I = \dfrac{V}{X_L}$	$I = \dfrac{V}{X_C}$
직류에 대한 성질	저항 $R[\Omega]$로 작용 (교류와 같음)	저항작용 0 (이론상 무한대의 전류가 흐른다)	저항작용 ∞ (직류는 흐르지 않지만 전원을 연결하는 순간 충전전류가 흐른다)

그림 5-66 임피던스의 대표 사례

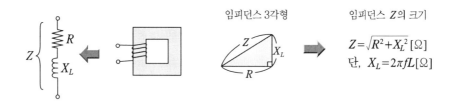

임피던스 3각형

임피던스 Z의 크기

$Z = \sqrt{R^2 + X_L^2}[\Omega]$
단, $X_L = 2\pi f L[\Omega]$

(a) 코일의 임피던스(RL 직렬회로)

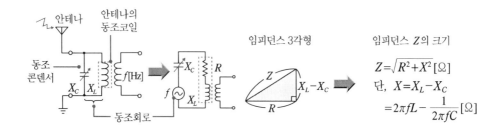

임피던스 3각형

임피던스 Z의 크기

$Z = \sqrt{R^2 + X^2}[\Omega]$
단, $X = X_L - X_C$
$= 2\pi f L - \dfrac{1}{2\pi f C}[\Omega]$

(b) AM 라디오의 동조회로의 임피던스(RLC 직렬회로)

72. 직류 전동기

● 전동기란?

전동기는 전기 에너지를 기계 에너지로 변환하는 장치이다. 일반적으로 전동기는 거의 대부분 회전 운동형이지만 공장 등에서의 공작 기기나 초고속철도 등에서 사용되는 직선 운동형(리니어형) 등도 있다.

● 직류 전동기의 회전 원리와 특징

그림 5-67에서 자계 속의 코일에 화살표 방향으로 전류를 흘리면 플레밍의 왼손 법칙에 의해 코일 주변의 도체 1에는 아래 방향으로, 도체 2에는 위 방향으로 힘이 작용하여 코일이 시계방향으로 회전한다. 반바퀴 회전한 뒤에는 같은 방향으로 토크(회전력)를 유지하기 위해 코일에 접속한 정류자가 전류의 방향을 역전시키는 구조로 되어 있다. 현재 영구자석의 성능이 좋아져서 정밀하고 강력한 소형 직류 전동기의 용도가 확대되고 있다. 또한, 속도조정이 용이하고, 구동 토크가 커서 초소형 전동기를 만들 수 있는 장점도 있다. 그러나 구조가 복잡하고, 정류자가 접촉기구이기 때문에 보수가 쉽지 않다는 결점도 있다.

● 직류 전동기의 종류

직류 전동기를 회전 원리에 따라 ① 브러시 부착형 직류 전동기, ② 브러시가 없는 직류 전동기, ③ 스테핑 전동기로 분류할 수 있다.

(1) 브러시 부착형 직류 전동기

일반적으로 직류 전동기라고 말하면 이것을 의미한다. 직류 전동기는 전기자 코일과 자계 코일의 접속 방법에 따라 영구자석계자 전동기, 분권 전동기, 직권 전동기, 복권 전동기 등이 있다(표 5-5).

(2) 브러시가 없는 직류 전동기

브러시가 부착된 전동기는 정류자의 마찰이나 불꽃, 소음이 발생하는 결점을 가지고 있다. 이 결점을 해소한 것이 브러시리스 전동기이다. 그림 5-69와 같이 브러시 부착형과는 반대로 영구자석(자계)을 회전자, 전기자 코일을 고정자로 하고, 정류 기구를 비접촉식으로 하기 위해 전류의 전환용 반도체 스위치로서 2개의 트랜지스터와 회전 자극의 위치 검출용 자기 센서로서 홀 소자를 조합하여 사용한다. 구동회로에는 전용 IC가 사용된다. 이 전동기는 소형이며, 고속 회전이 가능하고, 긴 수명을 필요로 하는 곳에 적합하다.

그림 5-67 직류 전동기의 회전 원리

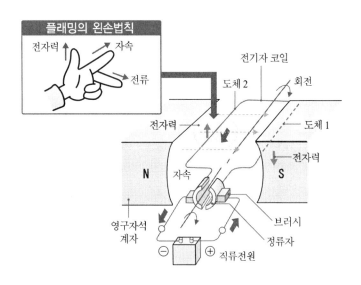

그림 5-68 직류 전동기를 회전 원리로 분류

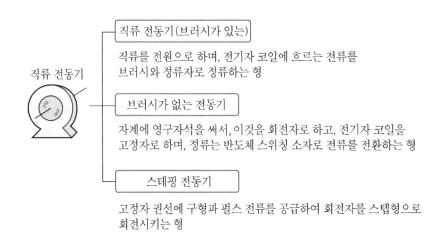

표 5-4 출력으로 구분하는 전동기 크기

크기(규모)	출력 범위
마이크로 모터	3W 이하
소형 전동기	3W ~ 100W
중형 전동기	100W ~ 수 kW
대형 전동기	수 100W 이상

표 5-5 직류 전동기(브러시 부착형)의 종류

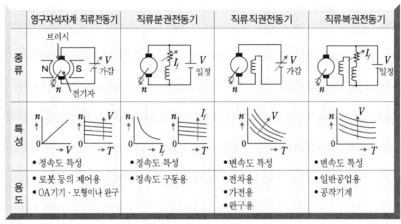

	영구자석자계 직류전동기	직류분권전동기	직류직권전동기	직류복권전동기
종류				
특성	• 정속도 특성	• 정속도 특성	• 변속도 특성	• 변속도 특성
용도	• 로봇 등의 제어용 • OA기기 · 모형이나 완구	• 정속도 구동용	• 전차용 • 가전용 • 완구용	• 일반공업용 • 공작기계

(주) V : 직류전원전압 I_f : 계자전류 T : 토오크 n : 회전속도

그림 5-69 브러시가 없는 전동기의 기본 원리

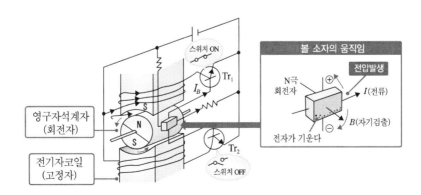

73. 교류 전동기

● **교류 전동기란?**

교류 전동기를 회전 원리에 따라 분류하면 ① 유도 전동기, ② 동기기, ③ 정류자 전동기로 나눌 수 있다.

● **유도 전동기의 종류와 원리**

유도 전동기는 구조가 간단하고, 튼튼하고, 가격이 싸다는 장점이 있어, 가전제품, 엘리베이터, 배수용 펌프 등 다양한 용도로 사용되고 있다. 그림 5-70은 전원별, 시동 방법별로 분류한 유도 전동기를 나타낸 것이다.

유도 전동기는 회전하는 자계와 도체에 흐르는 전류와의 상호작용에 의해 생기는 전자력을 이용한 전동기이다. 그림 5-71과 같이 영구자석을 시계방향으로 회전시키면, 원통형 도체의 상부는 상대적으로 반시계 방향으로 회전한 것으로 볼 수 있으며, 플레밍의 오른손 법칙에 의해 이 부분에는 ⊗방향의 유도 기전력이 생겨 전류가 흐르게 된다. 이 전류를 와전류라고 한다. 또한, 플레밍의 왼손 법칙에 의해 이 전류와 자계 사이에는 전자력이 시계방향으로 작용하게 된다. 한편, 원통형 도체의 하부도 마찬가지로 시계 방향으로 전자력이 작용하게 되어 원통형 도체는 회전하게 된다. 실제 유도 전동기에서 3상 유도 전동기는 3상 권선에 3상 교류 전류를 흘려 생기는 회전 자계를 이용한다. 또한, 단상 유도 전동기는 시동 시에 단상 권선만을 가지고는 토크를 얻을 수 없으므로 구동 권선을 전원과 병렬로 연결하여 양 권선에 흐르는 전류들간의 위상차를 만든다. 그 결과 얻어진 두 상의 회전 자계에 의한 토크로 시동하는 방법을 이용하고 있다.

● **동기기의 종류와 원리**

그림 5-73에 소형 동기기의 종류와 용도를 나타내었다. 그림 5-74와 같이 영구자석으로부터 나온 자속에 의해 전류가 흐르는 도체에는 플레밍의 왼손법칙에 의해 전자력이 작용한다. 도체가 고정되어 있으므로 반작용에 의해 영구자석은 반시계

방향으로 회전하려고 한다. 유도 전동기와 마찬가지로 고정자의 코일에 흐르는 전류에 의해 회전 자계를 만들면 회전자의 영구자석은 회전 자계와 같은 속도로 회전한다. 즉, 회전자가 동기속도로 회전하기 때문에 동기기라고 부른다. 동기기는 자력으로 구동할 수 없기 때문에 다른 방법으로 동기 속도에 가까운 회전수로 하지 않으면 안된다.

그림 5-70 유도 전동기의 종류

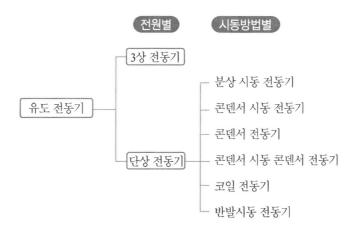

그림 5-71 유도 전동기의 회전 원리

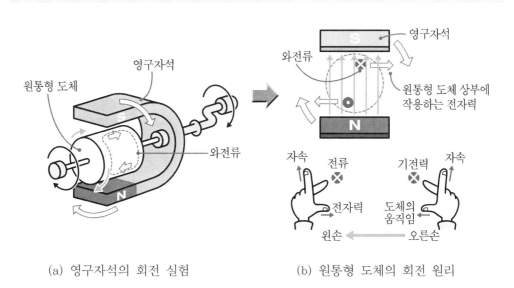

(a) 영구자석의 회전 실험　　　　(b) 원통형 도체의 회전 원리

그림 5-72 회전자계의 발생 원리

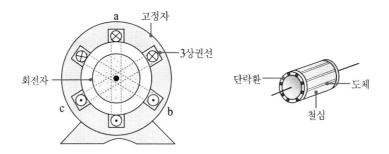

(a) 회전자계를 만드는 3상 권선

(b) 회전자의 예
(바구니형 회전자)

그림 5-73 소형 동기기의 종류와 용도

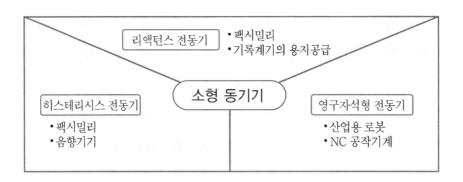

그림 5-74 동기기의 회전 원리

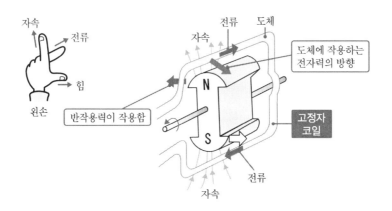

74. 전기의 단위와 수치

● **과학자와 단위의 관계**

전기 단위에는 과학기술의 역사에서 기술 향상에 공헌한 과학자의 이름을 인용한 사례가 의외로 많다(표 5-6).

● **전력의 단위 kW와 kV·A**

그림 5-75에서 토스트기나 전동기에서 소비되는 전력은 둘 다 1kW를 소비한다. 그러나 역률=전력/(전압×전류)이 다르기 때문에 변압기로부터 들어오는 전류는 토스트기의 경우는 10A이지만, 전동기의 경우는 12.5A가 흐르지 않으면 안된다. 역률이 나쁠수록(작을수록) 두꺼운 전선이 필요하며, 쓸데없는 전력을 소모하는 격이다. 이와 같이 변압기에서 취급하는 전력의 단위는 볼트 암페어(V·A)로 나타내며, 부하에서 취급하는 전력은 소비전력으로서 와트(W)나 킬로와트(kW)로 나타내어 구분하고 있다.

● **일반 주택의 배전 전압값**

배전 전압값은 나라별로 차이가 있는데, 한국의 경우 220V를 주로 사용하고 있으나, 아직도 일부 주택에서는 110V를 사용하고 있다. 일본의 경우 100V와 200V로 배전되어 있다. 그리고 미국, 캐나다 등은 120V, 독일, 네덜란드, 오스트리아 등 유럽의 대부분은 220V, 호주, 인도, 말레이시아 등은 240V를 사용하고 있다. 해외여행을 갈 때는 휴대용 전기기구의 정격전압이나 콘센트와 플러그의 형태 등을 사전에 확인할 필요가 있다.

● **전선의 허용 전류**

일반 옥내배선에서 사용되는 전선이나 가전기구에서 사용하는 코드의 허용 전류는 표 5-7과 표 5-8과 같다. 허용전류란 전선이나 코드가 과전류에 의해 발열되는 것을 방지하기 위한 최대 전류이다.

● 큰 수치와 작은 수치

부엌에서 사용하는 전자레인지 안의 마그네트론으로부터 발사되는 강력한 전자파의 주파수는 2.45GHz($G = 1000000000 = 10^9$)로 매우 큰 수치이다. 이것은 1초에 24억5천만번 진동을 반복하는 고주파이다. 또한 CD에 기억되는 피트의 폭은 겨우 $0.4\mu m$($\mu = 1/1000000 = 10^{-6}$)로 매우 작은 수치이다.

표 5-6 주요 물리량의 단위와 과학자와의 관계

단위명(과학자명)	단위 기호	물리량	과학기술 역사상의 공적
쿨롱(쿨롱)	C	전기량	2개의 전하 사이에 작용하는 힘에 관한 법칙을 정리한 프랑스의 물리학자
암페어(암페르)	A	전류	전류가 자기를 만들어내는 근원이라는 것을 발견한 프랑스의 물리학자
볼트(볼타)	V	전압	전지를 발명한 이탈리아의 과학자
옴(옴)	Ω	저항	전류와 전압의 관계를 푼 독일의 과학자
와트(와트)	W	전력	증기 기관을 크게 개량한 영국의 기술자
줄(줄)	J	열량	저항에 생기는 열량은 전류의 제곱과 저항에 비례한다는 열량 법칙을 발견한 영국의 물리학자
헤르츠(헤르츠)	Hz	주파수	실험을 통해 전파의 존재를 확인한 독일의 물리학자

그림 5-75 변압기 출력

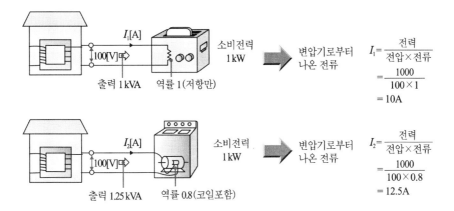

표 5-7 일반 가정에서 쓰는 전선의 허용전류

직경[mm]	허용전류[A]
1.6	27
2.0	35

허용전류

F 케이블

직경

표 5-8 코드의 허용전류

공칭단면적 [mm²]	소 선		허용전류
	가닥수	직경	
0.72	30	0.18	7
1.25	50	0.18	12
2.0	37	0.26	7

비닐코드

허용전류

단면적

소선×가닥수

직경

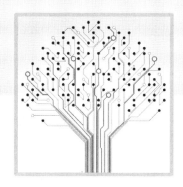

부 록
전기에 공헌한 이색 과학자

1	프랭클린	1706~1790년 미국
		과학, 정치, 외교 등 멀티학자

프랭클린은 당시 영국의 식민지이었던 미국의 보스턴에서 태어났다. 당시 미국은 미개척지이었으며, 아버지는 초, 비누 제조업을 했으나 가난했으며, 열 살 때부터 가업을 도왔다. 그 후 인쇄공장에서 근무한 뒤, 23세에 인쇄회사를 경영하게 된다. 30세에 정치에 입문하였으며, 다양한 요직에서 근무했고, 위대한 정치가로서 미국의 독립에 공헌했다. 미국이 독립하기 전의 혼란기 때 프랭클린은 정치, 외교뿐 아니라 과학자로서도 실험을 통해 자연계에서 일어나는 낙뢰의 정전 현상으로부터 전기의 본질을 해명했다.

● 주요 공적

1747년   정전 기전기를 고안, 제작

1752년   연을 이용하여 낙뢰가 전기현상이라는 것을 증명

1753년   피뢰침을 고안. 이것이 급속하게 유럽에 보급되어 낙뢰로부터 많은 사람을 구함

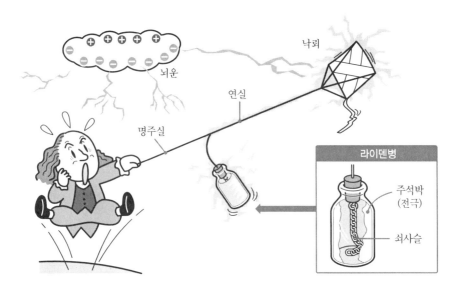

2	**옴**	1787~1854년 독일
		전기회로를 수학으로 해석한 선구자

아버지는 자물쇠공이었으나 가업을 잇지 않고 수학이라는 학문을 선택했다. 대학에 들어가 수학과 물리학을 전공했으나 가난하여 중퇴하고, 수학 교사가 되었다. 교사를 하면서도 독자적으로 수학이나 물리학을 공부했으며, 그 후 대학의 물리학 교수, 모교의 수학 교수를 거쳐 뮌헨 대학의 물리학 교수로서 교편을 잡았다.

옴이 전압과 전류와의 관계를 정리한 옴의 법칙은 발표 당시에는 다양한 분야의 학자들로부터 인정받지 못했으며, 14년 후에 타국인 영국에서 겨우 그 업적을 인정받았다.

● **주요 공적**

1841년 옴의 법칙이 조국인 독일에서 인정받지 못한 채, 영국왕립협회로부터 인정받음

1839~1843년 음향에 관한 옴의 법칙을 발표

3	패러데이	1791~1867년 영국
		위대한 물리학자·화학자, 더구나 강연의 달인

패러데이가 태어날 무렵의 영국은 증기 기관차나 방적기계가 발명되는 등 산업혁명이 한창이었다. 가난한 직공의 가정에서 태어난 패러데이는 13세 때 제본업의 견습공이 되었다. 다행히 직장의 책을 참고서로 독학으로 화학이나 전기를 배웠다. 그후 운 좋게 저명한 화학자 데이비의 조수가 되었으며, 스승의 유럽 강연 여행에 동행한 그는 당시 일류 학자인 암페어, 볼타 등을 만나 깊은 감명을 받았으며, 이것이 자신의 학문에 임하게 된 계기가 되었다. 특히 교육도 받지 않았으며, 화학분석의 경험도 없었으나 천재적인 창조성과 탐구심을 가지고 실험을 진행했다. 훗날 왕립연구소의 교수가 되어 연구에 몰두하였다.

● 주요 공적

1831년   전자유도 현상 발견

1833년   전기분해 법칙 발견

1844년   패러데이 효과 발견(빛의 편향면이 자계에 의해 회전하는 것)

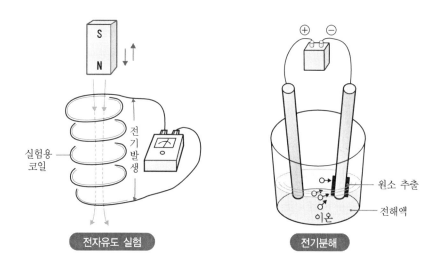

전자유도 실험   전기분해

4	맥스웰	1831~1879년 영국
		무선통신의 개척자

맥스웰은 아버지가 변호사인 부유한 가정에서 태어났다. 9살 때 어머니를 잃었으나 유년시절부터 과학적 재능을 발휘하여, 16세 때 에든버러 대학에 진학하였으며, 캠브리지 대학을 거쳐 모교의 물리학 교수가 되었다. 1864년에 맥스웰은 수학의 달인이라는 패러데이의 전자유도 법칙을 연구하였으며, 이것을 수학적으로 전개하여 전파의 존재를 예언했다. 이것이 오늘날의 전파를 이용한 무선통신의 기반이 되었다. 맥스웰의 '빛의 전자이론'은 1888년에 독일의 헤르츠가 실험을 통해 전자파도 빛과 같이 직진하며, 반사·굴절한다는 것을 확인했다.

● **주요 공적**

1864년   전자파 방정식을 만들었으며, 빛과 전자파의 파동은 같다는 것을 증명

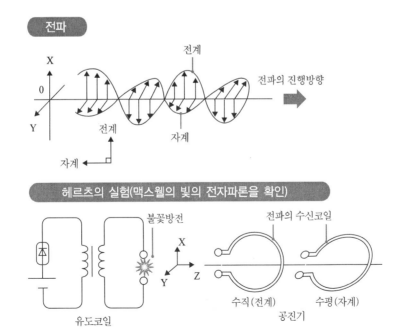

5	에디슨	1847~1931년 미국
		문명을 개척한 발명왕

에디슨은 가난한 가정에서 태어났으며, 병약한 아버지를 대신한 어머니의 열성적인 가정교육이 천재 소년의 인간형성에 도움이 되었다. 가계를 돕기 위해 열두 살 때부터 철도회사에서 일했으며, 신문을 팔면서도 실험에 몰두했다. 그 후 다양한 발명을 했으며, 당시의 문명 개화에 크게 공헌했다. 에디슨의 발명의 근원은 천성인 부분과 끊임없는 노력의 결정이라고 말할 수 있다.

● 주요 공적

1871년 종이 테이프를 이용한 자동 전신기 발명·실용화

1877년 기계식 축음기 발명

1878년 탄소원판을 이용한 고감도 송화기 발명

1879년 실용적인 탄소선 전구 발명

1880년 직류 발전기를 제작하여 직류 송전에 의한 전구의 실용화 성공

1887년 활동사진 연구(현재의 영화 촬영기와 영사기의 원형을 개척)

6	아인슈타인	1879~1955년 독일
		현대 물리학의 개척자

아인슈타인은 독일의 전기 공장 사장의 장남으로 태어났다. 그 후 스위스 취리히 공과대학을 거쳐 베른 특허국에 취직했다. 일을 하면서도 독학으로 물리학 연구에 심취하여 1905년에 26세의 특허청 기사이었던 아인슈타인은 학술지를 통해 광전효과(광양자), 브라운 운동, 특수상대성이론의 3가지 논문을 발표했다. 이 논문들과 1915년에 발표한 일반상대성이론에 의해 그 때까지의 뉴턴식 물리학의 체계에 변혁이 일어났으며, 여기서부터 현대 물리학의 기초가 시작되었다. 질량과 에너지가 같다는 이론으로부터 원자폭탄도 예언했다.

● **주요 공적**

1905년   광전효과(광양자), 특수상대성이론 발표

1915년   일반상대성이론 발표

1921년   노벨 물리학상 수상(광전효과의 법칙 발견)

광전효과   빛을 파동이 아닌 광자로 생각한다.

● 2개의 검전기 A, B를 음으로 대전해 둔다.

아연판   자외선   적색광   아연판

약한 빛   강한 빛

A: 빛은 약하지만 진동수가 크다
→ 닫힌다

큰 에너지로 인하여 아연으로부터 전자가 방출됨으로 반발력을 잃어 닫힌다.

B: 빛은 강하지만 진동수가 작다
→ 열린채로 있다.

역 자 소 개

이 명 훈
- 한국교원대학교 교육학 석사(기술교육 전공)
- 서울대학교 교육학 박사(산업교육 전공)
- 현재 충남대학교 기술교육과 교수

김 진 수
- 인하대학교 전기공학과 석사(전기공학 전공)
- 인하대학교 전기공학과 박사(전기공학 전공)
- 현재 한국교원대학교 기술교육과 교수

노 태 천
- 서울대학교 교육학 석사(교육학 전공)
- 한국정신문화연구원 박사(한국과학기술사 전공)
- 현재 충남대학교 기술교육과 교수

저 자 소 개

- 松原洋平(마쓰하라 요우헤이)

동경전기대학 전기공학과를 졸업 후, 도립고교의 전기기술교육에 종사함.
또한, 일본의 생애교육사업, 산업교육설비에 관한 위원, 도내의 사회교육 위원,
전검3종 라디오 강좌의 강사 및 각종 전기교육연구회의 운영 등을 담당하였음.
현재는 사이타마현내 생애학습사업의 추진을 위해 노력하고 있으며, 생애학습의
관점에서 환경·에너지 분야의 조사연구 활동도 하고 있음.

- **주요 저서**

『포인터 마스터 전기회로』(옴사)
『시험에 자주 나오는 전기 중요 공식 마스터북』(옴사)
『주요 문제로 합격하기·전검3종기기』(옴사)
『에너지 관리사 실전 문제-전기기초』(옴사)
『전기공사기사를 위한 쉬운 수학입문』(옴사)
『알기 쉬운 전기기초』(코로나사)
『잘 알 수 있는 전자기초』(동경전기대학출판국)
『알기 쉬운 기초수학』(일본이공출판회)

아하, 이게 전기구나!

초판인쇄 / 2012년 9월 10일
초판발행 / 2012년 9월 20일

┌─────────┐
│ 판 권 │
│ │
│ 소 유 │
└─────────┘

•

저　　자 / 마쓰하라 요우헤이
역　　자 / 이명훈, 김진수, 노태천
펴 낸 이 / 정 창 희
펴 낸 곳 / 동일출판사
주　　소 / 서울시 강서구 화곡8동 159-7 동일빌딩 2층
전　　화 / 2608-8250
팩　　스 / 2608-8265
등록번호 / 109-90-92166

•

ISBN 978-89-381-0814-2-93560
값 / 17,000원